JOKERS
EXERCICES AVEC CORRIGÉS

MATHÉMATIQUES
1re S·E
GÉOMÉTRIE
TRIGONOMÉTRIE

Michel Szwarcbaum
Professeur au lycée de Villepinte (93)

BORDAS

© BORDAS, Paris, 1985
© BORDAS, Paris, 1987
ISBN 2-04-018246-2
ISSN 0181-6020

Préface

Cet ouvrage s'adresse aux élèves des classes de Première S et E.

Cette nouvelle édition est conforme au programme paru au B.O. du 18 juillet 1985.

Chaque chapitre comporte trois parties :

- des rappels de cours, intitulés « Ce qu'il faut savoir »;
- des énoncés d'exercices, classés par thèmes;
- les corrigés détaillés de **tous** les exercices proposés.

Ces corrigés sont souvent enrichis de **conseils de méthode**, repérés par de gros pointillés en marge, qui éclairent la démarche suivie. Lorsque d'autres méthodes de résolution sont possibles, elles sont généralement indiquées dans la solution. Bien entendu, avant de se référer à ces corrigés, il reste nécessaire de consacrer un temps suffisant à la recherche de l'exercice choisi.

Nous espérons qu'ainsi conçu, ce guide pourra rendre service à tous ses utilisateurs.

L'auteur

Index

CHAPITRE 1

Géométrie plane (1)
Vecteurs
Produit scalaire

Ce qu'il faut savoir

> *L'étude des vecteurs du plan et du produit scalaire figure déjà dans le programme de Seconde. Le résumé qui suit porte donc principalement sur des rappels de Seconde.*

I — GÉOMÉTRIE ANALYTIQUE

On appelle ainsi la partie de la géométrie faisant intervenir des **calculs sur les coordonnées.**

1° Vecteurs colinéaires

● **Définition :** deux vecteurs sont colinéaires[1] si et seulement si l'un est le produit de l'autre par un réel.

● **Propriété :** les vecteurs $\vec{u} = \overrightarrow{AB}$ et $\vec{v} = \overrightarrow{CD}$ sont colinéaires si et seulement si :
— soit l'un d'entre eux est nul;
— soit les droites (AB) et (CD) sont parallèles (fig. 1).

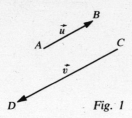

Fig. 1

2° Base et repère

● On note $\mathcal{V}$ l'ensemble des vecteurs du plan.

Une **base** $(\vec{i}, \vec{j})$ de $\mathcal{V}$ est un couple de vecteurs non colinéaires[2].

Pour tout vecteur $\vec{u}$ de $\mathcal{V}$, il existe un unique couple de réels (x, y) tel que $\vec{u} = x\vec{i} + y\vec{j}$. On dit que x et y sont les coordonnées de $\vec{u}$ dans la base $(\vec{i}, \vec{j})$. On écrit $\vec{u}(x, y)$.

---

(1) On dit aussi que les vecteurs sont linéairement dépendants.
(2) On dit aussi que $\vec{i}$ et $\vec{j}$ sont linéairement indépendants.

Dans une base $\left(\vec{i}, \vec{j}\right)$, $\quad \vec{u}(x, y) \iff \vec{u} = x\vec{i} + y\vec{j}$ $\quad$ (fig. 2)

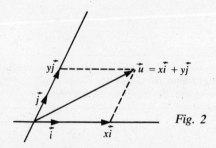

Fig. 2

● Un **repère** $\left(O, \vec{i}, \vec{j}\right)$ du plan est la donnée d'un point O appelé origine et d'une base $\left(\vec{i}, \vec{j}\right)$ de $\mathcal{V}$.

Pour tout point M du plan, il existe un unique couple de réels (x, y) tel que $\overrightarrow{OM} = x\vec{i} + y\vec{j}$. On dit que x et y sont les coordonnées de M dans le repère $\left(O, \vec{i}, \vec{j}\right)$. On écrit $M(x, y)$.

Dans un repère $\left(O, \vec{i}, \vec{j}\right)$, $\quad M(x, y) \iff \overrightarrow{OM} = x\vec{i} + y\vec{j}$ $\quad$ (fig. 3)

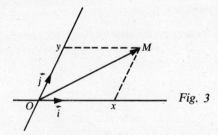

Fig. 3

3° Les formules

● Dans une base $\left(\vec{i}, \vec{j}\right)$, soient $\vec{u}(x, y)$ et $\vec{u}'(x', y')$. Soit k un réel.

Les coordonnées de $\vec{u} + \vec{u}'$ sont $(x + x', y + y')$.
Les coordonnées de $k\vec{u}$ sont (kx, ky).

$\vec{u}$ et $\vec{u}'$ sont colinéaires $\iff \begin{vmatrix} x & y \\ x' & y' \end{vmatrix} = 0^{(1)}$.

(1) Par définition, $\begin{vmatrix} x & y \\ x' & y' \end{vmatrix} = xy' - x'y$ est un réel, appelé **déterminant** de (x, y) et (x', y').

Si de plus la base est orthonormée, alors

$\vec{u}$ et $\vec{u}'$ sont orthogonaux $\iff$ $xx' + yy' = 0$.
La norme de $\vec{u}$ est $\|\vec{u}\| = \sqrt{x^2 + y^2}$.

• Dans un repère $\left(O, \vec{i}, \vec{j}\right)$, soient $A(x_A, y_A)$ et $B(x_B, y_B)$.

Les coordonnées de $\overrightarrow{AB}$ dans la base $\left(\vec{i}, \vec{j}\right)$ sont $(x_B - x_A, y_B - y_A)$.
Les coordonnées du milieu de (A, B) sont $\left(\dfrac{x_A + x_B}{2}, \dfrac{y_A + y_B}{2}\right)$.

Si de plus le repère est orthonormé, alors la distance AB est

$d(A, B) = AB = \|\overrightarrow{AB}\| = \sqrt{(x_B - x_A)^2 + (y_B - y_A)^2}$

4° Équation d'une droite

Le plan est muni d'un repère $\left(O, \vec{i}, \vec{j}\right)$.

■ **Forme** $ax + by + c = 0$, **avec** $(a, b) \neq (0, 0)$

— Toute droite a une équation de la forme $ax + by + c = 0$; a et b sont des réels non tous les deux nuls; c est un réel quelconque.

— Réciproquement, soient a et b des réels non tous les deux nuls et c un réel quelconque.

L'ensemble (D) des points dont les coordonnées (x, y) vérifient $ax + by + c = 0$ est une droite de **vecteur directeur** $\vec{d}\,(-b, a)$.

Si de plus le repère est orthonormé, le vecteur $\vec{n}\,(a, b)$ **est orthogonal**[1] **à** (D).

■ **Forme** $y = ax + b$ **ou** $x = k$
Les droites du plan peuvent se répartir en deux catégories.

— Les droites parallèles à l'axe des ordonnées (fig. 4). Leurs équations sont de la forme $x = k$ $\left(k \in \mathbb{R}\right)$.

_____
(1) On dit aussi que $\vec{n}$ est un vecteur **normal** à (D).

— Les droites non parallèles à l'axe des ordonnées (fig. 4). Leurs équations sont de la forme $y = ax + b$ $(a \in \mathbb{R}, b \in \mathbb{R})$. Le réel a s'appelle le **coefficient directeur** de la droite (ou la **pente** de la droite, si le repère est orthonormé).

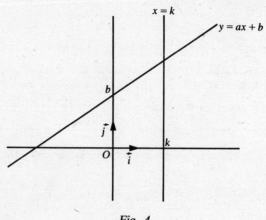

Fig. 4

■ **Remarques :**

— Soit (D) la droite d'équation $y = ax + b$. Soient $M(x_M, y_M)$ et $N(x_N, y_N)$ deux points distincts de (D). On a $a = \dfrac{y_M - y_N}{x_M - x_N}$.

— Une droite parallèle à l'axe des abscisses a une équation de la forme $y = b$ (son coefficient directeur est nul).

5° Équation d'un cercle

Soit $(O, \vec{i}, \vec{j})$ un repère orthonormé.

— Le cercle de centre $A(x_A, y_A)$ et de rayon R a pour équation

$$\boxed{(x - x_A)^2 + (y - y_A)^2 = R^2}$$

Cette équation est de la forme $x^2 + y^2 + Ax + By + C = 0$.

— Réciproquement, soient A, B, C des réels.

L'ensemble des points dont les coordonnées (x, y) vérifient $x^2 + y^2 + Ax + By + C = 0$ est soit un cercle, éventuellement réduit à un point, soit l'ensemble vide.

II — PRODUIT SCALAIRE

Une unité de longueur a été choisie dans le plan.

1° Définition

Le produit scalaire des vecteurs $\vec{u}$ et $\vec{v}$ est un **réel**, noté $\vec{u} \cdot \vec{v}$, défini de la façon suivante :
— Si $\vec{u} = \vec{0}$ ou $\vec{v} = \vec{0}$, alors $\vec{u} \cdot \vec{v} = 0$.
— Si $\vec{u} \neq \vec{0}$ et $\vec{v} \neq \vec{0}$, on pose $\vec{u} = \overrightarrow{AB}$ et $\vec{v} = \overrightarrow{AC}$. Soit H la projection orthogonale de C sur la droite (AB) (fig. 5, 6, 7).
Alors

$$\boxed{\vec{u} \cdot \vec{v} = \overrightarrow{AB} \cdot \overrightarrow{AC} = \overline{AB} \cdot \overline{AH}}$$

On a aussi

$$\boxed{\overrightarrow{AB} \cdot \overrightarrow{AC} = AB \cdot AC \cdot \cos \widehat{BAC}}$$

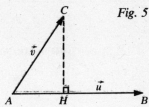

Fig. 5

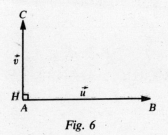

Fig. 6

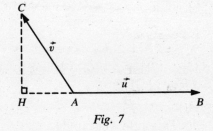

Fig. 7

Remarques :
Si $\widehat{BAC}$ est un angle aigu, $\overrightarrow{AB} \cdot \overrightarrow{AC} > 0$ (fig. 5).
Si $\widehat{BAC}$ est un angle droit, $\overrightarrow{AB} \cdot \overrightarrow{AC} = 0$ (fig. 6).
Si $\widehat{BAC}$ est un angle obtus, $\overrightarrow{AB} \cdot \overrightarrow{AC} < 0$ (fig. 7).

2° Propriétés

• Si $\vec{u} \neq 0$ et $\vec{v} \neq \vec{0}$, alors $\boxed{\vec{u} \cdot \vec{v} = \|\vec{u}\| \cdot \|\vec{v}\| \cdot \cos(\widehat{\vec{u}, \vec{v}})}$

• Pour tous vecteurs $\vec{u}$, $\vec{v}$, $\vec{w}$, pour tout réel k, on a

$$\boxed{\begin{aligned} \vec{v} \cdot \vec{u} &= \vec{u} \cdot \vec{v} \\ \vec{u} \cdot (\vec{v} + \vec{w}) &= \vec{u} \cdot \vec{v} + \vec{u} \cdot \vec{w} \\ \vec{u} \cdot (k\vec{v}) &= k(\vec{u} \cdot \vec{v}) \end{aligned}}$$

● **Norme.** Notons $\vec{u}^2$ le réel $\vec{u}.\vec{u}$. On a

$$\vec{u}^2 = \|\vec{u}\|^2 \quad , \quad \text{donc} \quad \|\vec{u}\| = \sqrt{\vec{u}^2}$$

● **Orthogonalité.** En convenant que $\vec{0}$ est orthogonal à tout vecteur, on a

$$\vec{u} \perp \vec{v} \iff \vec{u}.\vec{v} = 0$$

3° Expression dans une base orthonormée

Une base $(\vec{i}, \vec{j})$ est orthonormée si et seulement si $\|\vec{i}\| = \|\vec{j}\| = 1$ et $\vec{i} \perp \vec{j}$.

Dans une base orthonormée $(\vec{i}, \vec{j})$, soient $\vec{u}(x, y)$ et $\vec{v}(x', y')$. On a $\vec{u}.\vec{v} = xx' + yy'$. On a aussi $\|\vec{u}\| = \sqrt{x^2 + y^2}$.

III — RELATIONS MÉTRIQUES DANS LE TRIANGLE

1° Triangle rectangle

Soit ABC un triangle rectangle en A (fig. 8).

● **Pythagore :**

$$AB^2 + AC^2 = BC^2$$

● **Trigonométrie :**

$$\cos \widehat{B} = \frac{\text{côté adjacent}}{\text{hypoténuse}} = \frac{AB}{BC}$$
$$\sin \widehat{B} = \frac{\text{côté opposé}}{\text{hypoténuse}} = \frac{AC}{BC}$$
$$\tan \widehat{B} = \frac{\text{côté opposé}}{\text{côté adjacent}} = \frac{AC}{AB}$$

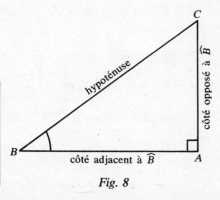

Fig. 8

2° Triangle quelconque

Soit *ABC* un triangle quelconque.
On pose $AB = c$, $BC = a$, $CA = b$. Les longueurs a, b, c sont donc respectivement opposées aux angles $\widehat{A}$, $\widehat{B}$, $\widehat{C}$ (fig. 9). On rappelle que $\widehat{A} + \widehat{B} + \widehat{C} = 180°$.

● On a

$$a^2 = b^2 + c^2 - 2bc \cos \widehat{A}$$

et, en permutant les lettres
$b^2 = c^2 + a^2 - 2ca \cos \widehat{B}$,
$c^2 = a^2 + b^2 - 2ab \cos \widehat{C}$.

● On a

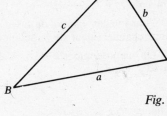

Fig. 9

$$\frac{a}{\sin \widehat{A}} = \frac{b}{\sin \widehat{B}} = \frac{c}{\sin \widehat{C}} = 2R$$

où *R* désigne le rayon du cercle circonscrit au triangle *ABC*.

3° Surface

On considère un triangle quelconque. On note *S* sa surface.
● On a

$$S = \frac{\text{base} \times \text{hauteur}}{2}$$ (fig. 10).

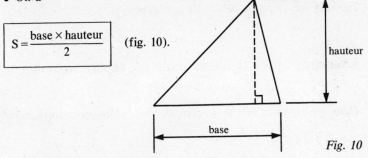

Fig. 10

— En utilisant les notations de la figure 9, on a

$$S = \frac{1}{2} bc \sin \widehat{A} = \frac{1}{2} ca \sin \widehat{B} = \frac{1}{2} ab \sin \widehat{C}.$$

Exercices

Exercices 1 et 2. Base et repère.

(1) Soit $(\vec{i}, \vec{j})$ une base du plan et a un réel.
On pose $\vec{u} = a\vec{i} + 4\vec{j}$ et $\vec{v} = \vec{i} + a\vec{j}$.

1° Pour quelles valeurs de a les vecteurs $\vec{u}$ et $\vec{v}$ sont-ils colinéaires?
Pour chaque valeur de a obtenue, donner une relation entre $\vec{u}$ et $\vec{v}$.

2° On suppose que $a = 1$. Calculer les coordonnées de $\vec{i}$ et $\vec{j}$ dans la base $(\vec{u}, \vec{v})$.

(2) *Changement de repère.*
Soit $(O, \vec{i}, \vec{j})$ un repère. On pose $O'(-2, -1)$, $\vec{u} = \vec{i} + \vec{j}$, $\vec{v} = \vec{i} - \vec{j}$.

1° Vérifier que $(O', \vec{u}, \vec{v})$ est un autre repère du plan.

2° Soit A le point de coordonnées $(2, 1)$ dans le repère $(O, \vec{i}, \vec{j})$. Calculer les coordonnées de A dans le repère $(O', \vec{u}, \vec{v})$.

3° Soit M un point de coordonnées (x, y) dans le repère $(O, \vec{i}, \vec{j})$. Calculer les coordonnées (X, Y) de M dans le repère $(O', \vec{u}, \vec{v})$, en fonction de x et y.

4° Soit (Δ) la droite d'équation $x + 2y - 5 = 0$ dans le repère $(O, \vec{i}, \vec{j})$.
Trouvez une équation de (Δ) dans le repère $(O', \vec{u}, \vec{v})$.

Exercices 3 à 7. Calculs dans un repère orthonormé

Dans les exercices 3 à 6, le plan est muni d'un repère orthonormé $(O, \vec{i}, \vec{j})$.

(3) Soit m un réel. On considère la droite (D_m) d'équation
$(m - 1)x + (3m + 1)y - m + 5 = 0$.

1° Dans chacun des cas suivants, déterminer la valeur de m telle que la droite (D_m) :

a) passe par $A(1, 2)$;

b) soit parallèle à l'axe des abscisses;

c) soit parallèle à l'axe des ordonnées;

d) ait pour vecteur directeur $\vec{u}\,(-2, 1)$;

e) soit orthogonale au vecteur $\vec{u}$ précédent;

f) ait pour coefficient directeur 1.

2° Démontrer qu'il existe un point I commun à toutes les droites (D_m), avec $m \in \mathbb{R}$.

3° Construire dans le repère $(O, \vec{i}, \vec{j})$ les droites (D_m) associées aux valeurs de m trouvées au 1°.

④ Soient $A(-4, 1)$, $B(2, 1)$, $C(4, 5)$.

1° Vérifier que A, B et C ne sont pas alignés.

2° Calculer les coordonnées de l'orthocentre H du triangle ABC (H est le point d'intersection des hauteurs).

3° Calculer les coordonnées du centre Ω du cercle circonscrit au triangle ABC (Ω est le point d'intersection des médiatrices).

4° Calculer les coordonnées du centre de gravité G du triangle ABC (G est le point d'intersection des médianes et aussi le barycentre de $A(1)$, $B(1)$, $C(1)$).

5° Vérifier que Ω, G et H sont alignés.

⑤ *Équations de cercles.*

1° Donner une équation de chacun des cercles définis ci-dessous :

a) le centre est $\Omega(2, -3)$ et le rayon 2;

b) les points $A(1, -2)$ et $B(-3, 2)$ sont les extrémités d'un diamètre.

2° Déterminer la nature des ensembles suivants :

a) $\mathcal{E} = \left\{ M(x, y) \,\middle|\, x^2 + y^2 - 6x + 10y + 32 = 0 \right\}$.

b) $\mathcal{F} = \left\{ M(x, y) \,\middle|\, 2x^2 + 2y^2 - 2x - 6y + 5 = 0 \right\}$.

c) $\mathcal{G} = \left\{ M(x, y) \,\middle|\, x^2 + y^2 + 4x - 2y + 7 = 0 \right\}$.

⑥ Soit $\mathcal{C}$ le cercle de centre $\Omega(3, 0)$ et de rayon 2.

1° Vérifier que $A(-1, -4)$ est extérieur à $\mathcal{C}$.

2° Déterminer les points de contact des tangentes à $\mathcal{C}$ issues de A.

⑦ *Une définition géométrique d'une parabole.*
Soit F un point du plan et $\mathcal{D}$ une droite ne contenant pas F. On

veut déterminer l'ensemble $\mathcal{E}$ des points M du plan équidistant de F et de $\mathcal{D}$.

Pour cela, on considère le repère orthonormé $\left(O;\overrightarrow{OG},\overrightarrow{OF}\right)$ où O est la projection orthogonale de F sur $\mathcal{D}$ et G un point de $\mathcal{D}$ tel que $OG = OF$ (fig. 11).

1° Dans ce repère, soit $M(x, y)$.
Calculer $d(M, F)$ et $d(M, \mathcal{D})$. En déduire une équation de $\mathcal{E}$.

2° Représenter $\mathcal{E}$.

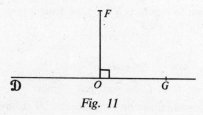

Fig. 11

Exercices 8 à 16. Produit scalaire

⑧ *Orthocentre.*
Soit ABC un triangle.

1° Démontrer que tout tout point M du plan
$$\overrightarrow{MA}.\overrightarrow{BC} + \overrightarrow{MB}.\overrightarrow{CA} + \overrightarrow{MC}.\overrightarrow{AB} = 0.$$

2° En déduire que les trois hauteurs du triangle ABC sont concourantes en un point H (appelé orthocentre).

3° Soit $(O, \vec{i}, \vec{j})$ un repère orthonormé. On considère les points $A(0, 2)$, $B(2, -2)$, $C(-2, -3)$.
Calculer les coordonnées de l'orthocentre H du triangle ABC.

⑨ *Transformation de $\overrightarrow{MA}.\overrightarrow{MB}$.*
Soient A et B deux points distincts et I le milieu de (A, B).

1° Montrer que, pour tout point M du plan,
$$\overrightarrow{MA}.\overrightarrow{MB} = MI^2 - \frac{1}{4}AB^2.$$

2° Quel et l'ensemble (E) des points M tels que $\overrightarrow{MA}.\overrightarrow{MB} = 0$?

3° Dans un repère orthonormé $(O, \vec{i}, \vec{j})$, on considère les points $A(2, -1)$ et $B(3, 5)$.
Donner une équation du cercle (C) de diamètre $[AB]$.

⑩ *Transformation de $MA^2 + MB^2$.*
Soient A et B deux points distincts et I le milieu de (A, B).

1° Démontrer que, pour tout point M du plan,

$MA^2 + MB^2 = 2MI^2 + \dfrac{AB^2}{2}$ (théorème de la médiane).

2° Discuter, suivant la valeur du réel k, la nature de l'ensemble (E_k) des points M vérifiant $MA^2 + MB^2 = k$.

(11) *Transformation de $MA^2 - MB^2$.*
Soient A et B deux points distincts et I le milieu de (A, B).

1° Démontrer que, pour tout point M du plan :
$MA^2 - MB^2 = 2\overrightarrow{IM} \cdot \overrightarrow{AB}$.

2° On suppose que $AB = 2$. Déterminer l'ensemble $\mathcal{E}$ des points M du plan vérifiant $MA^2 - MB^2 = -5$.

a) en utilisant la relation établie au 1°;

b) en cherchant une équation de $\mathcal{E}$ dans un repère orthonormé bien choisi.

(12) Soient A et B deux points tels que $AB = 6$.
On veut déterminer l'ensemble $\mathcal{E}$ des points M tels que $MA^2 + 2MB^2 = 36$.

1° Soit G le barycentre de $A(1)$ et $B(2)$.

a) Établir que $MA^2 + 2MB^2 = 3MG^2 + GA^2 + 2GB^2$.

b) En déduire que $\mathcal{E}$ est un cercle dont on précisera le centre et le rayon.

2° Retrouver le résultat du 1° b) en cherchant une équation de $\mathcal{E}$ dans un repère orthonormé bien choisi.

(13) Soit $(O, \vec{i}, \vec{j})$ un repère orthonormé. On considère $A(-1, -2)$ et $B(3, 0)$.
Démontrer analytiquement que l'ensemble $\mathcal{E}$ des points $M(x, y)$ tels que $\dfrac{MA}{MB} = 2$ est un cercle. Préciser son centre et son rayon.

(14) Soit $(O, \vec{i}, \vec{j})$ un repère orthonormé. On considère $A(2, -1)$, $B(3, -2)$, $C(0, 1)$.
Déterminer analytiquement les ensembles de points suivants.

1° $\mathcal{E} = \{M(x, y) \,|\, MA^2 + 2MB^2 + MC^2 = 13\}$.

2° $\mathcal{F} = \{M(x, y) \,|\, \overrightarrow{MA}^2 + 2\overrightarrow{MB}^2 + \overrightarrow{MC}^2 = 13\}$.

(15) Soit $ABCD$ un quadrilatère.

1° Démontrer que $AB^2 + CD^2 = AD^2 + BC^2 + 2\overrightarrow{AC} \cdot \overrightarrow{DB}$.

2° En déduire que les diagonales du quadrilatère $ABCD$ sont orthogonales si et seulement si $AB^2 + CD^2 = AD^2 + BC^2$.

(16) *Puissance d'un point par rapport à un cercle.*
Soit $\mathcal{C}$ un cercle de centre O et de rayon R. Soit M un point du plan. Une droite passant par M coupe $\mathcal{C}$ en deux points A et B (éventuellement confondus).

1° Démontrer que $\overrightarrow{MA} \cdot \overrightarrow{MB} = OM^2 - R^2$.

Indication : On pourra faire intervenir le point A' diamétralement opposé à A.
Le produit $\overrightarrow{MA} \cdot \overrightarrow{MB}$ est indépendant de la sécante choisie. On l'appelle puissance du point M par rapport au cercle $\mathcal{C}$. Dans cet exercice, on la note $P(M, \mathcal{C})$.

2° Suivant la position du point M dans le plan, étudier le signe de $P(M, \mathcal{C})$.

3° Soient respectivement $\mathcal{C}$ et $\mathcal{C}'$ deux cercles de centres O et O' distincts et de rayons R et R'.
Démontrer que l'ensemble $\mathcal{E}$ des points M du plan vérifiant $P(M, \mathcal{C}) = P(M, \mathcal{C}')$ est une droite orthogonale à (OO').

Exercices 17 à 20. Relations métriques dans le triangle

(17) Soit ABC un triangle. On pose $a = BC$, $b = CA$ et $c = AB$. Les longueurs seront calculées au millimètre près et les angles au degré près.

1° On donne $a = 5$ cm, $b = 3$ cm, $c = 4,1$ cm.

a) Construire le triangle ABC.

b) Calculer $\widehat{A}$, $\widehat{B}$, $\widehat{C}$.

2° On donne $\widehat{A} = 42°$, $b = 4$ cm, $c = 2,5$ cm.

a) Construire le triangle ABC.

b) Calculer a, $\widehat{B}$, $\widehat{C}$.

3° On donne $\widehat{A} = 18°$, $\widehat{B} = 130°$, $c = 6,2$ cm.

a) Construire le triangle ABC.

b) Calculer a, b, $\widehat{C}$.

(18) Soit $(O, \vec{i}, \vec{j})$ un repère orthonormé. On considère les points $A(1, -3)$, $B(4, 1)$, $C(2, 3)$.

1° Calculer $\| \overrightarrow{AB} \|$, $\| \overrightarrow{BC} \|$, $\| \overrightarrow{CA} \|$.

2° Calculer cos $\widehat{A}$, cos $\widehat{B}$, cos $\widehat{C}$. En déduire une valeur approchée de $\widehat{A}$, $\widehat{B}$, $\widehat{C}$ à un dixième de degré près.

3° Donner une valeur approchée à 10^{-2} près de la surface du triangle ABC.

(19) Une force $\vec{F}$ se décompose en $\vec{F_1} + \vec{F_2}$ (fig. 12).
On donne $\| \vec{F} \| = 2,7$ N. Calculer $\| \vec{F_1} \|$ et $\| \vec{F_2} \|$.

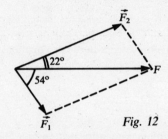

Fig. 12

(20) Calculer la surface d'un hexagone régulier inscrit dans un cercle de rayon 3 cm.

Corrigés

①

1° Les vecteurs $\vec{u}$ et $\vec{v}$ sont colinéaires si et seulement si $\begin{vmatrix} a & 4 \\ 1 & a \end{vmatrix} = 0$.

On obtient $a^2 - 4 = 0$, c'est-à-dire $(a-2)(a+2) = 0$.
Par conséquent $\vec{u}$ et $\vec{v}$ sont colinéaires si et seulement si $a = 2$ ou $a = -2$.
Si $a = 2$, alors $\vec{u} = 2\vec{i} + 4\vec{j}$ et $\vec{v} = \vec{i} + 2\vec{j}$. On voit que $\vec{u} = 2\vec{v}$.
Si $a = -2$, alors $\vec{u} = -2\vec{i} + 4\vec{j}$ et $\vec{v} = \vec{i} - 2\vec{j}$. On voit que $\vec{u} = -2\vec{v}$.

2°

Il faut exprimer $\vec{i}$ et $\vec{j}$ en fonction de $\vec{u}$ et $\vec{v}$. On peut procéder comme pour un système de deux équations à deux inconnues réelles.

Si $a = 1$, alors $\begin{cases} \vec{u} = \vec{i} + 4\vec{j} & (1) \\ \vec{v} = \vec{i} + \vec{j}. & (2) \end{cases}$

— Soustrayons membre à membre (2) de (1). On obtient

$$\vec{u} - \vec{v} = (\vec{i} + 4\vec{j}) - (\vec{i} + \vec{j}) = 3\vec{j}, \quad \text{donc} \quad \vec{j} = \frac{1}{3}(\vec{u} - \vec{v}) = \frac{1}{3}\vec{u} - \frac{1}{3}\vec{v}.$$

Les coordonnées de $\vec{j}$ dans la base $(\vec{u}, \vec{v})$ sont $\left(\dfrac{1}{3}, -\dfrac{1}{3}\right)$.

— Multiplions chaque membre de (2) par -4 pour éliminer $\vec{j}$.

On obtient les relations $\begin{cases} \vec{u} = \vec{i} + 4\vec{j} & (1) \\ -4\vec{v} = -4\vec{i} - 4\vec{j}. & (3) \end{cases}$

L'addition membre à membre de (1) et (3) donne $\vec{u} - 4\vec{v} = -3\vec{i}$, donc

$$\vec{i} = -\frac{1}{3}(\vec{u} - 4\vec{v}) = -\frac{1}{3}\vec{u} + \frac{4}{3}\vec{v}.$$

Les coordonnées de $\vec{i}$ dans la base $(\vec{u}, \vec{v})$ sont $\left(-\dfrac{1}{3}, \dfrac{4}{3}\right)$.

Autre méthode

On pose $\vec{i} = x\vec{u} + y\vec{v}$.
On obtient $\vec{i} = x(\vec{i} + 4\vec{j}) + y(\vec{i} + \vec{j})$,
$$\vec{i} = (x + y)\vec{i} + (4x + y)\vec{j}.$$

Des vecteurs égaux ont mêmes coordonnées, donc $\begin{cases} 1 = x + y \\ 0 = 4x + y. \end{cases}$

En résolvant ce système, on retrouve $x = -\dfrac{1}{3}$ et $y = \dfrac{4}{3}.$
On procède de même pour $\vec{j}.$

②

1° Les vecteurs $\vec{u}$ et $\vec{v}$ forment une base, car $\begin{vmatrix} 1 & 1 \\ 1 & -1 \end{vmatrix} = -2 \neq 0.$
Donc $(O', \vec{u}, \vec{v})$ est bien un repère du plan.

2°
Le point A a pour coordonnées (X, Y) dans le repère $(O', \vec{u}, \vec{v})$ si et seulement si $\overrightarrow{O'A} = X\vec{u} + Y\vec{v}.$

On cherche des réels X et Y tels que $\overrightarrow{O'A} = X\vec{u} + Y\vec{v}$ (1).

Dans la base $(\vec{i}, \vec{j})$, les coordonnées de $\overrightarrow{O'A}$ sont $\begin{pmatrix} 2 - (-2) \\ 1 - (-1) \end{pmatrix} = \begin{pmatrix} 4 \\ 2 \end{pmatrix};$

celles de $X\vec{u}$ sont $\begin{pmatrix} X \\ X \end{pmatrix};$ celles de $Y\vec{v}$ sont $\begin{pmatrix} Y \\ -Y \end{pmatrix}.$

La relation (1) équivaut donc à $\begin{cases} 4 = X + Y & (2) \\ 2 = X - Y. & (3) \end{cases}$
L'addition membre à membre de (2) et (3) donne $2X = 6,$ donc $X = 3.$ On en déduit que $Y = 1.$

Conclusion : dans le repère $(O', \vec{u}, \vec{v})$, on a $A(3, 1).$

3° On procède comme au 2°. On cherche des réels X et Y tels que $\overrightarrow{O'M} = X\vec{u} + Y\vec{v}.$

En écrivant que les coordonnées de $\overrightarrow{O'M}$ et $X\vec{u} + Y\vec{v}$ dans la base $(\vec{i}, \vec{j})$ sont égales, on obtient le système
$\begin{cases} x + 2 = X + Y & (4) \\ y + 1 = X - Y. & (5) \end{cases}$
L'addition membre à membre de (4) et (5) donne

$2X = x + y + 3,$ donc $X = \dfrac{x + y + 3}{2}.$ (6)

La soustraction membre à membre de (4) et (5) donne

$2Y = x - y + 1,$ donc $Y = \dfrac{x - y + 1}{2}.$ (7)

Remarque : on peut vérifier pour le point A que $\begin{pmatrix} x \\ y \end{pmatrix} = \begin{pmatrix} 2 \\ 1 \end{pmatrix}$ donne $\begin{pmatrix} X \\ Y \end{pmatrix} = \begin{pmatrix} 3 \\ 1 \end{pmatrix}.$

4°

⋮⋮⋮ Le passage de $\begin{pmatrix} x \\ y \end{pmatrix}$ à $\begin{pmatrix} X \\ Y \end{pmatrix}$ se fait avec les formules (4) et (5).

Les relations (4) et (5) peuvent s'écrire $\begin{cases} x = X + Y - 2 \\ y = X - Y - 1. \end{cases}$

La condition $x + 2y - 5 = 0$ équivaut donc à

$(X + Y - 2) + 2(X - Y - 1) - 5 = 0,$

$3X - Y - 9 = 0.$

C'est une équation de (Δ) dans le repère $\left(O', \vec{u}, \vec{v} \right)$.

③

1° *a*) Les coordonnées de A doivent vérifier l'équation de (D_m), donc

$m - 1 + (3m + 1).2 - m + 5 = 0,$

$6m + 6 = 0,$ soit $m = -1.$

Remarque : (D_{-1}) a pour équation

$-2x - 2y + 6 = 0$ ou $x + y - 3 = 0.$

b) L'équation de (D_m) doit être de la forme $y = k,$ donc le terme en x doit disparaître. On obtient $m - 1 = 0,$ c'est-à-dire $m = 1.$

Remarque : (D_1) a pour équation $4y + 4 = 0$ ou $y = -1.$

c) L'équation de (D_m) doit être de la forme $x = k,$ donc le terme en y doit disparaître. On obtient $3m + 1 = 0,$ c'est-à-dire $m = -\dfrac{1}{3}.$

Remarque : $(D_{-\frac{1}{3}})$ a pour équation $-\dfrac{4}{3} x + \dfrac{16}{3} = 0$ ou $x = 4.$

d)

⋮⋮⋮ La droite d'équation $ax + by + c = 0$ a pour vecteur directeur $\vec{d}(-b, a).$

(D_m) a pour vecteur directeur $\vec{d}(-3m - 1, m - 1).$ Les vecteurs $\vec{d}$ et $\vec{u}$ doivent être colinéaires. Donc

$\begin{vmatrix} -3m - 1 & m - 1 \\ -2 & 1 \end{vmatrix} = 0,$

$-3m - 1 + 2m - 2 = 0,$

$-m - 3 = 0$ et $m = -3.$

Remarque : (D_{-3}) a pour équation

$-4x - 8y + 8 = 0$ ou $x + 2y - 2 = 0.$

e)

Les vecteurs $\vec{u}(x, y)$ et $\vec{v}(x', y')$ sont orthogonaux si et seulement si $xx' + yy' = 0$.

Les vecteurs $\vec{d}(-3m - 1, m - 1)$ et $\vec{u}(-2, 1)$ doivent être orthogonaux. Donc

$$-2(-3m - 1) + m - 1 = 0,$$

$$7m + 1 = 0 \quad \text{et} \quad m = -\frac{1}{7}.$$

Remarque : $(D_{-\frac{1}{7}})$ a pour équation

$$-\frac{8}{7} x + \frac{4}{7} y + \frac{36}{7} = 0 \quad \text{ou} \quad -2x + y + 9 = 0.$$

f)

Il faut mettre l'équation de (D_m) sous la forme $y = ax + b$ pour faire apparaître son coefficient directeur a.

L'équation de (D_m) équivaut à $(3m + 1) y = -(m - 1) x + m - 5$.

Si $3m + 1 \neq 0$, c'est-à-dire si $m \neq -\frac{1}{3}$ $\left(cf. 1°\ c\right)$, on obtient

$$y = \frac{-m + 1}{3m + 1} x + \frac{m - 5}{3m + 1}.$$

Le coefficient directeur de (D_m) est $\dfrac{-m + 1}{3m + 1}$.

On doit avoir

$$\frac{-m + 1}{3m + 1} = 1, \quad -m + 1 = 3m + 1, \quad 4m = 0, \quad m = 0.$$

Remarque : (D_0) a pour équation $-x + y + 5 = 0$ ou $y = x - 5$.

2° 1re méthode

— On cherche le point d'intersection I de deux droites (D_m) particulières. Pour simplifier les calculs, on peut prendre (D_1) d'équation $y = -1$ et $(D_{-\frac{1}{3}})$ d'équation $x = 4$ $\left(cf. 1°\ b\right)$ et $c)$). Ces droites sont sécantes en $I(4, -1)$.

— On vérifie que $\forall m \in \mathbb{R}, I \in D_m$. En effet

$$(m - 1).4 + (3m + 1).(-1) - m + 5 = 4m - 4 - 3m - 1 - m + 5 = 0m + 0$$
$$= 0.$$

2e méthode

On met l'équation de (D_m) sour la forme $Am + B = 0$. On utilise le fait que $\forall m \in \mathbb{R}, \quad Am + B = 0 \iff \begin{cases} A = 0 \\ B = 0 \end{cases}$; la résolution de ce système donne le point commun aux (D_m).

L'équation de (D_m) équivaut à

$mx - x + 3my + y - m + 5 = 0,$
$m(x + 3y - 1) - x + y + 5 = 0.$

On cherche des réels x et y tels que simultanément

$$\begin{cases} x + 3y - 1 = 0 \\ -x + y + 5 = 0 \end{cases}$$

En résolvant ce système, on trouve $x = 4$ et $y = -1$. Ce sont bien les coordonnées de I.

3° Les droites (D_{-1}), (D_1), $(D_{-\frac{1}{3}})$, (D_{-3}), $(D_{-\frac{1}{7}})$, (D_0) sont représentées à la figure 13.

Pour tracer (D_{-1}) par exemple, on utilise le fait qu'elle passe par I et par $A(1, 2)$ d'après l'énoncé. On ne se sert pas de son équation. De même pour les autres droites.

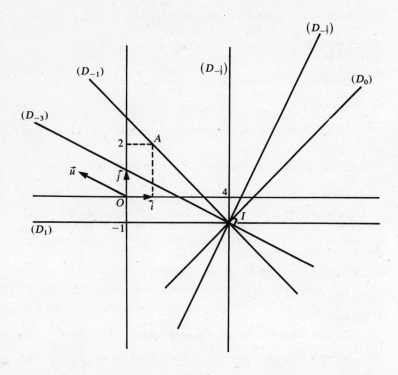

Fig. 13

1° Démontrons que les vecteurs $\overrightarrow{AB}$ et $\overrightarrow{AC}$ (par exemple) ne sont pas colinéaires. On a $\overrightarrow{AB}$ (6, 0) et $\overrightarrow{AC}$(8, 4). On calcule $\begin{vmatrix} 6 & 0 \\ 8 & 4 \end{vmatrix} = 24$.

Ce déterminant est différent de 0, donc $\overrightarrow{AB}$ et $\overrightarrow{AC}$ ne sont pas colinéaires.

Remarque

Il n'est pas nécessaire de calculer le déterminant. On peut voir directement que $\overrightarrow{AB}$ et $\overrightarrow{AC}$ sont différents de $\vec{0}$ et que, pour tout réel k, on a $\overrightarrow{AC} \neq k\overrightarrow{AB}$.

2° On cherche les équations de deux des trois hauteurs.

En regardant la figure 14, on voit que la hauteur issue de C a une équation simple.

— La droite (AB) a pour vecteur directeur $\vec{i}$, donc la hauteur issue de C a pour vecteur directeur $\vec{j}$. Son équation est $x = x_C$, c'est-à-dire $x = 4$.

— Soit $\mathcal{D}_B$ la hauteur issue de B.

$M(x, y) \in \mathcal{D}_B \iff \overrightarrow{BM} \perp \overrightarrow{AC}$.

On a : $\overrightarrow{BM}(x - 2, y - 1)$, $\overrightarrow{AC}(8, 4)$.

Donc $M(x, y) \in \mathcal{D}_B \iff 8(x - 2) + 4(y - 1) = 0$.

En simplifiant par 4, on obtient

$2(x - 2) + y - 1 = 0; \quad 2x + y - 5 = 0.$

C'est une équation de $\mathcal{D}_B$.

— Les coordonnées du point H vérifient donc

$$\begin{cases} x = 4 \\ 2x + y - 5 = 0. \end{cases}$$

On obtient $H(4, -3)$.

3° On cherche les équations de deux des trois médiatrices.

— La médiatrice de $[AB]$ a pour vecteur directeur $\vec{j}$ (fig. 14, p. 26). Le milieu I de $[AB]$ a pour coordonnées $I(-1, 1)$.

La médiatrice de $[AB]$ a donc pour équation $x = x_I$, c'est-à-dire $x = -1$.

— Soit Δ la médiatrice de BC et J le milieu de $[BC]$.

$M(x, y) \in \Delta \iff \overrightarrow{JM} \perp \overrightarrow{BC}$.

On a $J(3, 3)$, $\overrightarrow{JM}(x - 3, y - 3)$, $\overrightarrow{BC}(2, 4)$.

Donc $M(x, y) \in \Delta \iff 2(x - 3) + 4(y - 3) = 0$.

En simplifiant par 2, on obtient

$x - 3 + 2(y - 3) = 0; \quad x + 2y - 9 = 0.$

C'est une équation de Δ.

— Les coordonnées de Ω vérifient donc

$$\begin{cases} x = -1 \\ x + 2y - 9 = 0. \end{cases}$$

On obtient $\Omega(-1,5)$.

4°

 Soient $A(x_A, y_A)$, $B(x_B, y_B)$, $C(x_C, y_C)$ des points; α, β, γ des réels tels que $\alpha + \beta + \gamma \neq 0$. Le barycentre G de $A(\alpha)$, $B(\beta)$, $C(\gamma)$ a pour coordonnées

$$\begin{cases} x_G = \dfrac{\alpha x_A + \beta x_B + \gamma x_C}{\alpha + \beta + \gamma}, \\ y_G = \dfrac{\alpha y_A + \beta y_B + \gamma y_C}{\alpha + \beta + \gamma}. \end{cases}$$

On a

$$\begin{cases} x_G = \dfrac{-4 + 2 + 4}{3} = \dfrac{2}{3}, \\ y_G = \dfrac{1 + 1 + 5}{3} = \dfrac{7}{3}; \end{cases}$$

d'où $G\left(\dfrac{2}{3}, \dfrac{7}{3}\right)$.

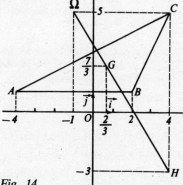

Fig. 14

Remarque

Cette méthode est plus rapide que de chercher les coordonnées du point d'intersection des médianes.

5° Démontrons que $\overrightarrow{\Omega G}$ et $\overrightarrow{\Omega H}$ sont colinéaires. On a $\overrightarrow{\Omega G}\left(\dfrac{5}{3}, -\dfrac{8}{3}\right)$ et $\overrightarrow{\Omega H}(5, -8)$, donc $\overrightarrow{\Omega H} = 3\overrightarrow{\Omega G}$.

Remarque

Dans tout triangle, la relation $\overrightarrow{\Omega H} = 3\overrightarrow{\Omega G}$ est vraie (voir page 58, exercice 7).

⑤

1° *a*) Un point $M(x, y)$ appartient au cercle de centre Ω et de rayon 2 si et seulement si $\Omega M = 2$.

Ceci équivaut successivement à

$$\Omega M^2 = 4,$$
$$(x - 2)^2 + (y + 3)^2 = 4,$$
$$x^2 + y^2 - 4x + 6y + 9 = 0.$$

b)

Utiliser la propriété caractéristique d'un diamètre $[AB]$: M est un point du cercle $\iff$ $\overrightarrow{MA} \perp \overrightarrow{MB}$.

Un point $M(x, y)$ appartient au cercle de diamètre $[AB]$ si et seulement si $\overrightarrow{MA} \cdot \overrightarrow{MB} = 0$, c'est-à-dire $\overrightarrow{AM} \cdot \overrightarrow{BM} = 0$.

Comme on a $\overrightarrow{AM}(x-1, y+2)$, $\overrightarrow{BM}(x+3, y-2)$, une équation du cercle est

$(x-1)(x+3) + (y+2)(y-2) = 0,$
$x^2 - x + 3x - 3 + y^2 - 4 = 0,$
$x^2 + y^2 + 2x - 7 = 0.$

Autre méthode

Chercher le centre du cercle $\left(\text{c'est le milieu de } (A, B)\right)$ et son rayon $\left(\text{qui vaut } \dfrac{1}{2} AB\right)$. Procéder ensuite comme au *a*).

2°

Utiliser la méthode qui permet de mettre un trinôme sous sa forme canonique (voir tome Analyse, p. 11), pour obtenir une condition de la forme

$(x - x_A)^2 + (y - y_A)^2 = R^2.$

a) La condition

$x^2 + y^2 - 6x + 10y + 32 = 0$

équivaut successivement à

$(x-3)^2 - 9 + (y+5)^2 - 25 + 32 = 0,$
$(x-3)^2 + (y+5)^2 = 2.$

On en déduit que $\mathcal{E}$ est le cercle de centre $\Omega(3, -5)$ et de rayon $\sqrt{2}$.

b) La condition

$2x^2 + 2y^2 - 2x - 6y + 5 = 0$

équivaut successivement à

$x^2 + y^2 - x - 3y + \dfrac{5}{2} = 0,$

$\left(x - \dfrac{1}{2}\right)^2 - \dfrac{1}{4} + \left(y - \dfrac{3}{2}\right)^2 - \dfrac{9}{4} + \dfrac{5}{2} = 0,$

$\left(x - \dfrac{1}{2}\right)^2 + \left(y - \dfrac{3}{2}\right)^2 = 0.$

On en déduit que $\mathcal{F}$ est réduit au point $\Omega\left(\dfrac{1}{2}, \dfrac{3}{2}\right)$.

c) La condition

$x^2 + y^2 + 4x - 2y + 7 = 0$

équivaut successivement à

$(x+2)^2 - 4 + (y-1)^2 - 1 + 7 = 0,$
$(x+2)^2 + (y-1)^2 = -2.$

Comme -2 est négatif, $\mathcal{G} = \varnothing$.

1° Démontrons que la distance de A à Ω est supérieure au rayon du cercle. On a

$$A\Omega = \sqrt{[3-(-1)]^2+[0-(-4)]^2} = \sqrt{32}$$

et $\sqrt{32}>2$ (car $32>4$).

2° Soit $M(x, y)$ un point de contact d'une tangente à $\mathcal{C}$ issue de A (fig. 15).
Le point M vérifie les conditions

$$\begin{cases} M \in \mathcal{C} & (1) \\ \overrightarrow{AM} \perp \overrightarrow{\Omega M} & (2) \end{cases}$$

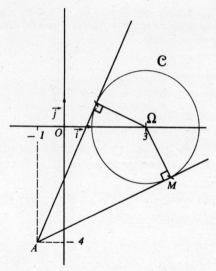

Fig. 15

La condition (1) équivaut successivement à $\Omega M = 2$, $\Omega M^2 = 4$,
$(x-3)^2+y^2=4$,
$x^2+y^2-6x+5=0$ (c'est une équation de $\mathcal{C}$).
On a $\overrightarrow{AM}(x+1, y+4)$, $\overrightarrow{\Omega M}(x-3, y)$. Donc la condition (2) équivaut à

$(x+1)(x-3)+(y+4).y=0$,
$x^2+x-3x-3+y^2+4y=0$,
$x^2+y^2-2x+4y-3=0$.

On doit résoudre le système

$$\begin{cases} x^2+y^2-6x+5=0 & (3) \\ x^2+y^2-2x+4y-3=0 & (4). \end{cases}$$

Remplaçons (4) par (4) − (3). On obtient le système équivalent

$$\begin{cases} x^2 + y^2 - 6x + 5 = 0, \\ 4x + 4y - 8 = 0, \end{cases} \quad \text{puis}$$

$$\begin{cases} x^2 + y^2 - 6x + 5 = 0, \\ x + y - 2 = 0. \end{cases}$$

$$\begin{cases} x^2 + y^2 - 6x + 5 = 0, \\ y = -x + 2. \end{cases}$$

$$\begin{cases} x^2 + (-x + 2)^2 - 6x + 5 = 0 & (5), \\ y = -x + 2 & (6). \end{cases}$$

L'équation (5) équivaut à

$$x^2 + x^2 - 4x + 4 - 6x + 5 = 0,$$
$$2x^2 - 10x + 9 = 0.$$

On calcule le discriminant réduit $\Delta' = 25 - 18 = 7$ (voir tome Analyse, p. 12). Il y a deux solutions

$$x_1 = \frac{5 + \sqrt{7}}{2} \quad \text{et} \quad x_2 = \frac{5 - \sqrt{7}}{2}.$$

L'équation (6) donne les valeurs correspondantes de y : on obtient

$$y_1 = \frac{-5 - \sqrt{7}}{2} + 2 = \frac{-1 - \sqrt{7}}{2}$$

$$\text{et} \quad y_2 = \frac{-5 + \sqrt{7}}{2} + 2 = \frac{-1 + \sqrt{7}}{2}.$$

Conclusion

Les points de tangence ont pour coordonnées

$$\left(\frac{5 + \sqrt{7}}{2}, \frac{-1 - \sqrt{7}}{2} \right) \quad \text{et} \quad \left(\frac{5 - \sqrt{7}}{2}, \frac{-1 + \sqrt{7}}{2} \right).$$

Remarques

Les valeurs approchées de ces résultats sont (3,8 ; −1,8) et (1,2 ; 0,8). La condition (2) signifie que M appartient au cercle de diamètre $[A\Omega]$; la condition (3) est donc une équation de ce cercle.

On obtient aussi une construction géométrique des points de tangence : ce sont les points d'intersection de $\mathcal{C}$ avec le cercle de diamètre $[A\Omega]$.

1° Dans le repère $(O; \overrightarrow{OG}, \overrightarrow{OF})$, les coordonnées de F sont $(0,1)$ et une équation de $\mathcal{D}$ est $y = 0$.

On a donc $d(M, F) = \sqrt{(x - 0)^2 + (y - 1)^2} = \sqrt{x^2 + (y - 1)^2}$.

Soit H la projection orthogonale de M sur $\mathcal{D}$.

On a $H(x, 0)$.

Donc $d(M, \mathcal{D}) = MH = \sqrt{(x - x)^2 + (y - 0)^2} = \sqrt{y^2} = |y|$.

Les coordonnées (x, y) des points de $\mathcal{E}$ vérifient donc
$\sqrt{x^2 + (y-1)^2} = |y|$.

Les deux membres de cette équation sont positifs. Elle équivaut donc à

$x^2 + (y-1)^2 = |y|^2$,
$x^2 + y^2 - 2y + 1 = y^2$,
$2y = x^2 + 1$, $y = \dfrac{1}{2}(x^2 + 1)$.

Ceci est une équation de $\mathcal{E}$.

2° Posons $f(x) = \dfrac{1}{2}(x^2 + 1)$. La fonction f est définie sur $\mathbb{R}$; elle est paire.

On a $f'(x) = \dfrac{1}{2} \cdot 2x = x$, d'où le tableau de variations de f :

x	$-\infty$		0		$+\infty$
$f'(x)$		$-$	0	$+$	
$f(x)$		$\searrow$	$\dfrac{1}{2}$	$\nearrow$	

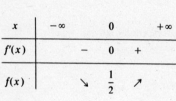

Fig. 16

L'ensemble $\mathcal{E}$ est représenté à la figure 16.

 On peut utiliser les valeurs

x	0	1	2
$f(x)$	$\dfrac{1}{2}$	1	$\dfrac{5}{2}$

et le fait que la droite (OF) est axe de symétrie.

Remarque
F s'appelle le foyer de la parabole et $\mathcal{D}$ sa directrice.

⑧

1°

 Utiliser la relation de Chasles pour exprimer $\overrightarrow{MA}$, $\overrightarrow{MB}$, $\overrightarrow{MC}$ en fonction de $\overrightarrow{MA}$ par exemple.

On peut écrire

$$\overrightarrow{MA} \cdot \overrightarrow{BC} + \overrightarrow{MB} \cdot \overrightarrow{CA} + \overrightarrow{MC} \cdot \overrightarrow{AB}$$

$$= \overrightarrow{MA} \cdot \overrightarrow{BC} + (\overrightarrow{MA} + \overrightarrow{AB}) \cdot \overrightarrow{CA} + (\overrightarrow{MA} + \overrightarrow{AC}) \cdot \overrightarrow{AB}$$

$$= \overrightarrow{MA} \cdot \overrightarrow{BC} + \overrightarrow{MA} \cdot \overrightarrow{CA} + \overrightarrow{AB} \cdot \overrightarrow{CA} + \overrightarrow{MA} \cdot \overrightarrow{AB} + \overrightarrow{AC} \cdot \overrightarrow{AB}$$

$$= \overrightarrow{MA} \cdot (\overrightarrow{BC} + \overrightarrow{CA} + \overrightarrow{AB}) + \overrightarrow{AB} \cdot (\overrightarrow{CA} + \overrightarrow{AC})$$

$$= \overrightarrow{MA} \cdot \vec{0} + \overrightarrow{AB} \cdot \vec{0} = 0.$$

2°

Une hauteur d'un triangle est une droite passant par une sommet et orthogonale au côté opposé.

Notons (D_A), (D_B), (D_C) respectivement les hauteurs issues de A, B, C.

Les points A, B, C ne sont pas alignés donc (D_A) et (D_B) par exemple sont sécantes en un point H. Démontrons que H appartient aussi à (D_C) (fig. 17).

La relation du 1° est vraie pour tout point M. Prenons $M = H$.

On obtient $\quad \overrightarrow{HA} \cdot \overrightarrow{BC} + \overrightarrow{HB} \cdot \overrightarrow{CA} + \overrightarrow{HC} \cdot \overrightarrow{AB} = 0$.

Comme $H \in (D_A)$, on a $\overrightarrow{HA} \cdot \overrightarrow{BC} = 0$.

Comme $H \in (D_B)$, on a $\overrightarrow{HB} \cdot \overrightarrow{CA} = 0$.

On en déduit que $\overrightarrow{HC} \cdot \overrightarrow{AB} = 0$,

c'est-à-dire que $H \in (D_C)$.

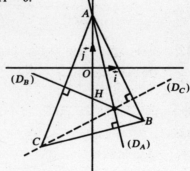

Fig. 17

3° Cherchons les équations de deux des hauteurs, par exemple (D_A) et (D_B).

Équation de (D_A)

$M(x, y) \in (D_A) \iff \overrightarrow{AM} \cdot \overrightarrow{BC} = 0$.

On a $\quad \overrightarrow{AM}(x, y - 2)$ et $\overrightarrow{BC}(-4, -1)$.

La condition $\overrightarrow{AM} \cdot \overrightarrow{BC} = 0$ équivaut donc à $-4x - y + 2 = 0$.

C'est une équation de (D_A).

Équation de (D_B)

$M(x, y) \in (D_B) \iff \overrightarrow{BM} \cdot \overrightarrow{AC} = 0$.

On a $\vec{BM}\,(x-2,\,y+2)$ et $\vec{AC}\,(-2,\,-5)$.

La condition $\vec{BM}\cdot\vec{AC}=0$ équivaut donc à

$$-2(x-2)-5(y+2)=0, \quad -2x-5y-6=0.$$

C'est une équation de (D_B).

Coordonnées de *H*

Ce sont les solutions du système $\begin{cases} -4x-y+2=0 \\ -2x-5y-6=0. \end{cases}$

Il équivaut à $\begin{cases} y=-4x+2 & (1) \\ -2x-5(-4x+2)-6=0. & (2) \end{cases}$

L'équation (2) donne : $18x-16=0$, donc $x=\dfrac{16}{18}=\dfrac{8}{9}$.

L'équation (1) donne alors : $y=-\dfrac{32}{9}+2=-\dfrac{14}{9}$.

Par conséquent, **H a pour coordonnées** $\left(\dfrac{8}{9},\,-\dfrac{14}{9}\right)$.

Remarque : on peut vérifier que $H\in(D_C)$.

On a $\vec{HC}\left(-\dfrac{26}{9},\,-\dfrac{13}{9}\right)$ et $\vec{AB}\,(2,\,-4)$ donc $\vec{HC}\cdot\vec{AB}=0$.

⑨

1°

$\vec{AB}$ désigne un vecteur et AB désigne un réel positif (la distance de A à B). Cependant, comme $\vec{u}^{\,2}=\|\vec{u}\|^2$, on peut écrire $\vec{AB}^{\,2}=\|\vec{AB}\|^2=AB^2$.

On peut écrire $\vec{MA}\cdot\vec{MB}=(\vec{MI}+\vec{IA})\cdot(\vec{MI}+\vec{IB})$.

Mais I est le milieu de $(A,\,B)$, donc $\vec{IA}=-\dfrac{1}{2}\,\vec{AB}$ et $\vec{IB}=\dfrac{1}{2}\,\vec{AB}$ (fig. 18).

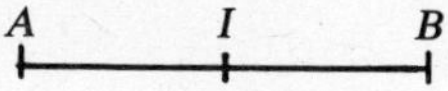

$$\begin{array}{c} A \qquad\qquad I \qquad\qquad B \\ \vdash\!\!-\!\!-\!\!-\!\!-\!\!-\!\!-\!\!-\!\!-\!\!-\!\!\dashv \end{array}$$

Fig. 18

Par conséquent $\vec{MA}\cdot\vec{MB}=\left(\vec{MI}-\dfrac{1}{2}\,\vec{AB}\right)\left(\vec{MI}+\dfrac{1}{2}\,\vec{AB}\right)$

$$=\vec{MI}^{\,2}-\dfrac{1}{4}\,\vec{AB}^{\,2}.$$

$$=MI^2-\dfrac{1}{4}\,AB^2 \qquad \textbf{c.\,q.\,f.\,d.}$$

2° D'après le 1°, la condition $\overrightarrow{MA} \cdot \overrightarrow{MB} = 0$ équivaut successivement à

$$MI^2 - \frac{1}{4} AB^2 = 0, \qquad MI^2 = \frac{1}{4} AB^2,$$

$$MI = \frac{1}{2} AB, \left(\text{car } MI \text{ et } \frac{1}{2} AB \text{ sont des réels positifs}\right).$$

La distance de M à I est constante. L'ensemble (E) est le cercle de centre I et de rayon $\frac{1}{2} AB = AI = IB$.

Par conséquent, (E) est le cercle de diamètre $[AB]$ (fig. 19).

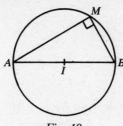

Fig. 19

3° Il est commode d'utiliser la propriété établie aux 1° et 2°.

Un point M appartient au cercle de diamètre $[AB]$ si et seulement si $\overrightarrow{MA} \perp \overrightarrow{MB}$ (fig. 19).

$M(x, y) \in (C) \iff \overrightarrow{MA} \cdot \overrightarrow{MB} = 0$.
On a $\overrightarrow{MA} (2 - x, -1 - y)$ et $\overrightarrow{MB} (3 - x, 5 - y)$.
La condition $\overrightarrow{MA} \cdot \overrightarrow{MB} = 0$ équivaut à

$(2 - x)(3 - x) + (-1 - y)(5 - y) = 0,$
$6 - 2x - 3x + x^2 - 5 + y - 5y + y^2 = 0,$
$x^2 + y^2 - 5x - 4y + 1 = 0.$

C'est une équation de (C).

Remarque : pour trouver une équation de (C), on peut aussi chercher son centre $\left(\text{le milieu } I \text{ de } (A, B)\right)$ et son rayon (la distance AI).

Relire l'indication de l'exercice 9, 1°, page 32.

1° On peut écrire
$MA^2 + MB^2 = \overrightarrow{MA}^2 + \overrightarrow{MB}^2$
$MA^2 + MB^2 = (\overrightarrow{MI} + \overrightarrow{IA})^2 + (\overrightarrow{MI} + \overrightarrow{IB})^2$
$MA^2 + MB^2 = \overrightarrow{MI}^2 + 2\overrightarrow{MI} \cdot \overrightarrow{IA} + \overrightarrow{IA}^2 + \overrightarrow{MI}^2 + 2\overrightarrow{MI} \cdot \overrightarrow{IB} + \overrightarrow{IB}^2$
$MA^2 + MB^2 = 2MI^2 + 2\overrightarrow{MI} \cdot (\overrightarrow{IA} + \overrightarrow{IB}) + IA^2 + IB^2.$

Or I est le milieu de (A, B). Donc $\overrightarrow{IA} + \overrightarrow{IB} = \vec{0}$ et $IA = IB = \dfrac{1}{2} AB$.

On en déduit que

$$MA^2 + MB^2 = 2MI^2 + 0 + \left(\frac{1}{2} AB\right)^2 + \left(\frac{1}{2} AB\right)^2$$

$$MA^2 + MB^2 = 2MI^2 + 2 \cdot \frac{1}{4} AB^2 = 2MI^2 + \frac{1}{2} AB^2 \qquad \textbf{c. q. f. d.}$$

2° D'après ce qui précède, la condition $MA^2 + MB^2 = k$ équivaut à

$2MI^2 + \dfrac{1}{2} AB^2 = k,$

$2MI^2 = k - \dfrac{1}{2} AB^2 = \dfrac{2k - AB^2}{2},$

$MI^2 = \dfrac{2k - AB^2}{4}.$ (1)

La discussion porte sur le signe de $2k - AB^2$.

— Si $2k - AB^2 > 0$, donc si $k > \dfrac{AB^2}{2}$,

alors (1) $\Longleftrightarrow$ $MI = \dfrac{\sqrt{2k - AB^2}}{2}.$

L'ensemble (E_k) est le cercle de centre I et de rayon $\dfrac{\sqrt{2k - AB^2}}{2}$.

— Si $2k - AB^2 = 0$, donc si $k = \dfrac{AB^2}{2}$, alors (1) $\Longleftrightarrow$ $MI = 0$.

L'ensemble (E_k) est réduit au point I.

— Si $2k - AB^2 < 0$, donc si $k < \dfrac{AB^2}{2}$, alors la condition (1) est impossible et l'ensemble (E_k) est vide.

⑪

1° On a

$$\begin{aligned}
MA^2 - MB^2 &= \overrightarrow{MA}^2 - \overrightarrow{MB}^2 = (\overrightarrow{MI} + \overrightarrow{IA})^2 - (\overrightarrow{MI} + \overrightarrow{IB})^2 \\
&= MI^2 + 2\overrightarrow{MI} \cdot \overrightarrow{IA} + IA^2 - (MI^2 + 2\overrightarrow{MI} \cdot \overrightarrow{IB} + IB^2) \\
&= 2\overrightarrow{MI}(\overrightarrow{IA} - \overrightarrow{IB}) \quad (\text{car } IA^2 = IB^2) \\
&= 2\overrightarrow{MI}(\overrightarrow{IA} + \overrightarrow{BI}) \\
&= 2\overrightarrow{MI} \cdot \overrightarrow{BA} = 2\overrightarrow{IM} \cdot \overrightarrow{AB}.
\end{aligned}$$

2° *a*) Soit H la projection orthogonale de M sur la droite (AB). On a

$$MA^2 - MB^2 = 2\overrightarrow{HI} \cdot \overrightarrow{BA}.$$

La condition $MA^2 - MB^2 = -5$ équivaut donc à

$$2\overline{HI}.\overline{BA} = -5, \qquad \overline{HI} = \frac{-5}{2\overline{BA}},$$

Orientons la droite (AB) de A vers B. On obtiendra $\overline{BA} = -2$, donc

$$\overline{HI} = \frac{-5}{2(-2)} = \frac{5}{4}; \qquad \overline{IH} = -\frac{5}{4}.$$

L'ensemble $\mathcal{E}$ est donc l'ensemble des points M se projetant orthogonalement sur la droite (AB) au point H définie par $\overline{IH} = -\frac{5}{4}$.

Conclusion
L'ensemble $\mathcal{E}$ est la droite orthogonale à (AB) en H (fig. 20).

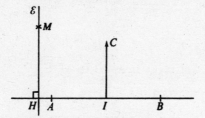

Fig. 20

b) On sait que $IB = \frac{1}{2} AB = 1$. On peut donc prendre comme repère orthonormé $(I; \overrightarrow{IB}, \overrightarrow{IC})$, où C est un point de la droite orthogonale à (AB) en I vérifiant $IC = 1$ (fig. 20).
Dans ce repère, on a $A(-1, 0)$ et $B(1, 0)$.
Par conséquent,

$$M(x, y) \in \mathcal{E} \implies [(x+1)^2 + y^2] - [(x-1)^2 + y^2] = -5.$$

En développant, on obtient

$$x^2 + 2x + 1 + y^2 - (x^2 - 2x + 1 + y^2) = -5;$$

$$4x = -5 \quad \text{et} \quad x = -\frac{5}{4}.$$

C'est l'équation de la droite orthogonale à (AB) au point H tel que $\overline{IH} = -\frac{5}{4}$ (car I est l'origine du repère).

1° *a*) G est le barycentre de $A(1)$, $B(2)$ signifie que $\overrightarrow{GA} + 2\overrightarrow{GB} = \vec{0}$.
— On a

$$\overrightarrow{MA}^2 + 2MB^2 = (\overrightarrow{MG} + \overrightarrow{GA})^2 + 2(\overrightarrow{MG} + \overrightarrow{GB})^2$$

$$= (MG^2 + 2\overrightarrow{MG} \cdot \overrightarrow{GA} + GA^2) + 2 (MG^2 + 2\overrightarrow{MG} \cdot \overrightarrow{GB} + GB^2)$$
$$= 3MG^2 + 2\overrightarrow{MG} (\overrightarrow{GA} + 2\overrightarrow{GB}) + GA^2 + 2GB^2$$
$$= 3MG^2 + GA^2 + 2GB^2,$$

car $\overrightarrow{GA} + 2\overrightarrow{GB} = \vec{0}$.

b) La condition $MA^2 + 2MB^2 = 36$ équivaut donc à

$3MG^2 = 36 - GA^2 - 2GB^2$ (1).

— Calcul de GA^2 et GB^2 : on sait que pour tout point O du plan,

$$\overrightarrow{OG} = \frac{\overrightarrow{OA} + 2\overrightarrow{OB}}{3}.$$

Prenons $O = A$, on obtient

$$\overrightarrow{AG} = \frac{2}{3} \overrightarrow{AB}.$$

Donc $AG = \frac{2}{3} AB = \frac{2}{3} 6 = 4$.

Prenons $O = B$, on obtient

$$\overrightarrow{BG} = \frac{1}{3} \overrightarrow{BA}.$$

Donc $BG = \frac{1}{3} AB = \frac{1}{3} 6 = 2$.

— la condition (1) devient alors

$3MG^2 = 36 - 16 - 8 = 12,$ $MG^2 = 4,$ $MG = 2$.

Conclusion

L'ensemble $\mathcal{E}$ est le cercle de centre G et de rayon 2 (fig. 21).

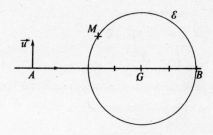

Fig. 21

Remarque

Le point B appartient à $\mathcal{E}$.

2° Puisque $\| \overrightarrow{AB} \| = 6$, on a $\left\| \frac{1}{6} \overrightarrow{AB} \right\| = 1$.

Prenons comme repère $\left(A\,;\dfrac{1}{6}\,\overrightarrow{AB},\,\vec{u}\,\right)$, ou $\vec{u}$ est un vecteur unitaire orthogonal à $\overrightarrow{AB}$.

Dans ce repère, on a $A(0, 0)$, $B(6, 0)$.

Par conséquent

$$M(x,\,y) \in \mathcal{E} \iff x^2 + y^2 + 2\left[(x-6)^2 + y^2\right] = 36.$$

Ceci équivaut à

$$x^2 + y^2 + 2(x^2 - 12x + 36 + y^2) = 36$$

$$3x^2 + 3y^2 - 24x + 72 - 36 = 0$$

$$x^2 + y^2 - 8x + 12 = 0$$

$$(x-4)^2 - 16 + y^2 + 12 = 0$$

$$(x-4)^2 + y^2 = 4.$$

L'ensemble $\mathcal{E}$ est le cercle de centre $\Omega(0, 4)$ et de rayon 2.

Comme les coordonnées de G sont

$$x_G = \frac{0 + 2 \times 6}{3} = 4 \quad \text{et} \quad y_G = \frac{0 + 2 \times 0}{3} = 0,$$

on a bien $G = \Omega$.

⑬

La condition $\dfrac{MA}{MB} = 2$ équivaut à $MA = 2MB$, donc à $MA^2 = 4MB^2$, ou encore à $MA^2 - 4MB^2 = 0$.

Par conséquent

$$M(x,\,y) \in \mathcal{E} \iff \left[(x+1)^2 + (y+2)^2\right] - 4\left[(x-3)^2 + y^2\right] = 0.$$

On obtient

$$x^2 + 2x + 1 + y^2 + 4y + 4 - 4(x^2 - 6x + 9 + y^2) = 0,$$

$$-3x^2 - 3y^2 + 26x + 4y - 31 = 0.$$

$$x^2 + y^2 - \frac{26}{3}\,x - \frac{4}{3}\,y + \frac{31}{3} = 0,$$

$$\left(x - \frac{13}{3}\right)^2 - \frac{169}{9} + \left(y - \frac{2}{3}\right)^2 - \frac{4}{9} + \frac{31}{3} = 0.$$

$$\left(x - \frac{13}{3}\right)^2 + \left(y - \frac{2}{3}\right)^2 = \frac{169 + 4 - 93}{9},$$

$$\left(x - \frac{13}{3}\right)^2 + \left(y - \frac{2}{3}\right)^2 = \frac{80}{9}.$$

L'ensemble $\mathcal{E}$ est donc un cercle de centre $\Omega\left(\dfrac{13}{3}, \dfrac{2}{3}\right)$ et de rayon $\sqrt{\dfrac{80}{9}} = \dfrac{4\sqrt{5}}{3}$.

Calculer séparément MA^2, MB^2, MC^2 pour réutiliser les résultats au 2°.

1° Soit $M(x, y)$. On a :

$MA^2 = (x-2)^2 + (y+1)^2 = x^2 + y^2 - 4x + 2y + 5,$

$MB^2 = (x-3)^2 + (y+2)^2 = x^2 + y^2 - 6x + 4y + 13,$

$MC^2 = x^2 + (y-1)^2 = x^2 + y^2 - 2y + 1.$

La condition $MA^2 + 2MB^2 + MC^2 = 13$ équivaut donc à

$4x^2 + 4y^2 - 16x + 8y + 32 = 13,$

$x^2 + y^2 - 4x + 2y + \dfrac{19}{4} = 0,$

$(x-2)^2 - 4 + (y+1)^2 - 1 + \dfrac{19}{4} = 0,$

$(x-2)^2 + (y+1)^2 = 5 - \dfrac{19}{4} = \dfrac{1}{4}.$

L'ensemble $\mathcal{E}$ est donc le cercle de centre $\Omega(2, -1)$ et de rayon $\sqrt{\dfrac{1}{4}} = \dfrac{1}{2}.$

2° Avec les résultats du 1°, la condition

$MA^2 - 2MB^2 + MC^2 = 13$

équivaut à

$8x - 8y - 20 = 13, \quad 8x - 8y - 33 = 0.$

L'ensemble $\mathcal{F}$ est donc la droite d'équation $8x - 8y - 33 = 0.$

On peut utiliser la relation de Chasles en faisant intervenir partout le point A par exemple.
On peut aussi utiliser l'identité

$\vec{u}^2 - \vec{v}^2 = (\vec{u} - \vec{v})(\vec{u} + \vec{v}).$

On veut démontrer que $AB^2 + CD^2 - AD^2 - BC^2 = 2\overrightarrow{AC} \cdot \overrightarrow{DB}$. On a

$$AB^2 - AD^2 + CD^2 - BC^2 = (\overrightarrow{AB} + \overrightarrow{AD})(\overrightarrow{AB} - \overrightarrow{AD})$$
$$+ (\overrightarrow{CD} + \overrightarrow{BC})(\overrightarrow{CD} - \overrightarrow{BC})$$
$$= (\overrightarrow{AB} + \overrightarrow{AD}) \cdot \overrightarrow{DB} + \overrightarrow{BD}(\overrightarrow{CD} - \overrightarrow{BC})$$
$$= \overrightarrow{DB} \cdot (\overrightarrow{AB} + \overrightarrow{AD} - \overrightarrow{CD} + \overrightarrow{BC})$$
$$= \overrightarrow{DB} \cdot (\overrightarrow{AB} + \overrightarrow{AD} + \overrightarrow{DC} + \overrightarrow{BC})$$
$$= \overrightarrow{DB} \cdot [(\overrightarrow{AB} + \overrightarrow{BC}) + (\overrightarrow{AD} + \overrightarrow{DC})]$$
$$= 2\overrightarrow{DB} \cdot \overrightarrow{AC}.$$

2° Les vecteurs $\overrightarrow{AC}$ et $\overrightarrow{DB}$ sont orthogonaux si et seulement si $\overrightarrow{AC} \cdot \overrightarrow{DB} = 0$. D'après le 1°, ceci équivaut à

$$AB^2 + CD^2 = AD^2 + BC^2.$$

:•: Pour tout point B du cercle de diamètre $[AA']$, on a $\overrightarrow{BA} \perp \overrightarrow{BA}'$.
1° Considérons la figure 22.

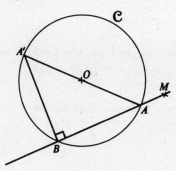

Fig. 22

Le point A' se projette orthogonalement en B sur la droite (MA), donc, par définition du produit scalaire,

$$\overrightarrow{MA} \cdot \overrightarrow{MB} = \overrightarrow{MA} \cdot \overrightarrow{MA}'.$$

Or $\overrightarrow{MA} \cdot \overrightarrow{MA}' = (\overrightarrow{MO} + \overrightarrow{OA}) \cdot (\overrightarrow{MO} + \overrightarrow{OA}')$
$$= (\overrightarrow{MO} + \overrightarrow{OA}) \cdot (\overrightarrow{MO} - \overrightarrow{OA})$$
$$= MO^2 - OA^2$$
$$= MO^2 - R^2.$$

On a bien $\overrightarrow{MA} \cdot \overrightarrow{MB} = OM^2 - R^2.$

2° Il y a 3 cas :
— $P(M, \mathcal{C}) < 0$ équivaut à $OM^2 - R^2 < 0$, donc à $OM < R$. Les points M correspondant sont à l'intérieur du cercle $\mathcal{C}$.

— $P(M, \mathcal{C}) = 0$ équivaut à $OM^2 - R^2 = 0$, donc à $OM = R$, c'est-à-dire à $M \in \mathcal{C}$.

— $P(M, \mathcal{C}) > 0$ équivaut de même à $OM > R$. Les points M correspondants sont à l'extérieur du cercle $\mathcal{C}$.

3° $P(M, \mathcal{C}) = P(M, \mathcal{C}')$ équivaut à

$OM^2 - R^2 = O'M^2 - R'^2$,
$OM^2 - O'M^2 = R^2 - R'^2$,
$MO^2 - MO'^2 = R^2 - R'^2$.   (1)

Pour transformer $MO^2 - MO'^2$, on peut faire intervenir le milieu I de (O, O') (*cf.* exercice 11, p. 17).

$$MO^2 - MO'^2 = (\overrightarrow{MO} + \overrightarrow{MO}').(\overrightarrow{MO} - \overrightarrow{MO}')$$
$$= (\overrightarrow{MI} + \overrightarrow{IO} + \overrightarrow{MI} + \overrightarrow{IO}').(\overrightarrow{MO} + \overrightarrow{O'M})$$
$$= 2\overrightarrow{MI}.\overrightarrow{O'O}$$
$$= 2\overrightarrow{HI}.\overrightarrow{O'O},$$

où H désigne la projection orthogonale de M sur la droite $(O'O)$. La condition (1) équivaut donc à

$$2\overrightarrow{HI}.\overrightarrow{O'O} = R^2 - R'^2$$

$$\overline{HI} = \frac{R^2 - R'^2}{2\overline{O'O}} \quad \text{(car } O \neq O').$$

L'ensemble $\mathcal{E}$ est donc la droite orthogonale à (OO') au point H défini par

$$\overline{IH} = \frac{R^2 - R'^2}{2\overline{OO'}}.$$

Remarque

Si les cercles $\mathcal{C}$ et $\mathcal{C}'$ sont sécants en A et B, on a

$P(A, \mathcal{C}) = P(A, \mathcal{C}') = 0$ et $P(B, \mathcal{C}) = P(B, \mathcal{C}') = 0$.

Les points A et B sont éléments de $\mathcal{E}$ donc $\mathcal{E}$ est la droite (AB).

• Les angles d'un triangle sont compris entre 0° et 180°. Donc si l'on connaît cos $\widehat{A}$ par exemple, la touche $\boxed{\cos^{-1}}$ donnera la valeur de $\widehat{A}$ (*cf.* exercice 9, page 103).

• Pour connaître un angle à un degré près, il suffit en général de connaître son cosinus ou son sinus à 10^{-4} près. On ne peut donc arrondir les résultats qu'à la fin du calcul. (Si un résultat doit être réutilisé, garder sa valeur à 10^{-8} près en mémoire de la calculatrice.)

1° *a*) — On dessine un segment $[BC]$ de longueur $a = 5$ cm.
— On plante la pointe du compas en C et on dessine un cercle de rayon $b = 3$ cm.

— On plante la pointe du compas en B et on dessine un cercle de rayon $c = 4{,}1$ cm.

— Le point A doit-être à l'une des intersections des deux cercles (fig. 23).

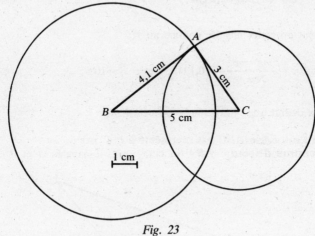

Fig. 23

b) On a $a^2 = b^2 + c^2 - 2bc \cos \widehat{A}$.

Donc $2bc \cos \widehat{A} = b^2 + c^2 - a^2$ et $\cos \widehat{A} = \dfrac{b^2 + c^2 - a^2}{2bc}$.

On obtient $\cos \widehat{A} = \dfrac{3^2 + 4{,}1^2 - 5^2}{2 \cdot 3 \cdot 4{,}1} \approx 0{,}0329$ et $\widehat{A} \approx 88°$.

De même $\cos \widehat{B} = \dfrac{c^2 + a^2 - b^2}{2ca} = \dfrac{4{,}1^2 + 5^2 - 3^2}{2 \cdot 4{,}1 \cdot 5} \approx 0{,}8002$

et $\widehat{B} \approx 37°$.

De même $\cos \widehat{C} = \dfrac{a^2 + b^2 - c^2}{2ab} = \dfrac{5^2 + 3^2 - 4{,}1^2}{2 \cdot 5 \cdot 3} = 0{,}573$ et $\widehat{C} \approx 55°$.

Remarque : on peut vérifier que $\widehat{A} + \widehat{B} + \widehat{C} = 180°$.

2° a) Le triangle ABC est représenté à la figure 24.

On dessine d'abord l'angle $\widehat{A}$, puis on place sur chacun de ses côtés les points B et C tels que $AB = 2{,}5$ cm et $AC = 4$ cm respectivement (fig. 24).

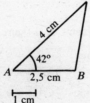

Fig. 24

b) On a

$$a^2 = b^2 + c^2 - 2bc \cos \widehat{A} = 4^2 + 2{,}5^2 - 2 \cdot 4 \cdot 2{,}5 \cdot \cos 42° \approx 7{,}387.$$

Donc $\quad a \approx \sqrt{7{,}387} \approx 2{,}7$ cm.

On peut procéder ensuite comme au 1°.

$$\cos \widehat{B} = \frac{c^2 + a^2 - b^2}{2ca} \approx -0{,}1739 \quad \text{et} \quad \widehat{B} \approx 100°.$$

On en déduit que $\quad \widehat{C} = 180° - (\widehat{A} + \widehat{B}) \approx 38°.$

3° *a*) Le triangle *ABC* est représenté à la figure 25.
On construit d'abord $\quad AB = 6{,}2$ cm, $\quad$ puis les angles $\widehat{A}$ et $\widehat{B}$.

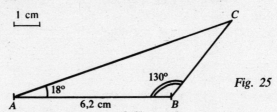

Fig. 25

b) On calcule d'abord $\quad \widehat{C} = 180° - (\widehat{A} + \widehat{B}) = 32°.$

On a ensuite $\quad \dfrac{a}{\sin \widehat{A}} = \dfrac{c}{\sin \widehat{C}}, \quad$ donc $\quad a = c \times \dfrac{\sin \widehat{A}}{\sin \widehat{C}}.$

On obtient $\quad a = 6{,}2 \times \dfrac{\sin 18°}{\sin 32°} \approx 3{,}6$ cm.

De même $\quad \dfrac{b}{\sin \widehat{B}} = \dfrac{c}{\sin \widehat{C}} \quad$ donne

$$b = c\,\frac{\sin \widehat{B}}{\sin \widehat{C}} = 6{,}2 \cdot \frac{\sin 130°}{\sin 32°} \approx 9{,}0 \text{ cm}.$$

Le triangle *ABC* est représenté à la figure 26.

1° On a $\overrightarrow{AB}$ (3, 4), $\quad$ donc $\quad \|\overrightarrow{AB}\| = \sqrt{3^2 + 4^2} = \sqrt{25} = 5.$

On a $\overrightarrow{BC}$ (−2, 2), $\quad$ donc $\quad \|\overrightarrow{BC}\| = \sqrt{4+4} = \sqrt{8} = 2\sqrt{2} \approx 2{,}83.$

On a $\overrightarrow{CA}$ (−1, −6), $\quad$ donc $\quad \|\overrightarrow{CA}\| = \sqrt{1+36} = \sqrt{37} \approx 6{,}08.$

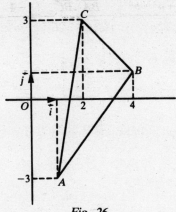

Fig. 26

2° On dispose de deux méthodes. Indiquons-les pour le calcul de cos $\widehat{A}$.

Première méthode

On reprend les notations de la page 13.
On a $\quad a^2 = b^2 + c^2 - 2bc \cos \widehat{A}, \quad$ donc

$2bc \cos \widehat{A} = b^2 + c^2 - a^2 \quad$ et

$$\cos \widehat{A} = \frac{b^2 + c^2 - a^2}{2bc} = \frac{37 + 25 - 8}{2 . \sqrt{37} . 5} = \frac{54}{10\sqrt{37}}.$$

On obtient $\cos \widehat{A} \approx 0,8878 \quad$ et $\quad \mathbf{A \approx 27{,}4°}$.

Deuxième méthode

On utilise la relation $\quad \overrightarrow{AB} . \overrightarrow{AC} = \| \overrightarrow{AB} \| . \| \overrightarrow{AC} \| . \cos \widehat{A} \quad$ qui donne

$$\cos \widehat{A} = \frac{\overrightarrow{AB} . \overrightarrow{AC}}{\| \overrightarrow{AB} \| . \| \overrightarrow{AC} \|}.$$

D'après le 1°, on a $\overrightarrow{AB} (3, 4)$ et $\overrightarrow{AC} (1, 6)$, donc

$$\overrightarrow{AB} . \overrightarrow{AC} = 3 . 1 + 4 . 6 = 27 \quad \text{et} \quad \cos \widehat{A} = \frac{27}{5\sqrt{37}}$$

On retrouve la même valeur exacte de $\cos \widehat{A}$ que dans la première méthode.

Calcul de cos $\widehat{B}$ et cos $\widehat{C}$

On procède comme pour cos $\widehat{A}$, en choisissant une des deux méthodes.

On a $\cos \widehat{B} = \dfrac{c^2 + a^2 - b^2}{2ca} = \dfrac{\overrightarrow{BA} . \overrightarrow{BC}}{\|\overrightarrow{BA}\| . \|\overrightarrow{BC}\|} = \dfrac{-1}{5\sqrt{2}} \approx -0{,}141\,4,$

donc $B \approx \mathbf{98{,}1^\circ}.$

On a $\cos \widehat{C} = \dfrac{a^2 + b^2 - c^2}{2ab} = \dfrac{\overrightarrow{CA} . \overrightarrow{CB}}{\|\overrightarrow{CA}\| . \|\overrightarrow{CB}\|} = \dfrac{5}{\sqrt{74}} \approx 0{,}581\,2,$

donc $\widehat{C} \approx \mathbf{54{,}5^\circ}.$

Remarque : on peut vérifier que $\widehat{A} + \widehat{B} + \widehat{C} = 180^\circ$.

3° La surface S du triangle ABC est donnée par exemple par la formule $S = \dfrac{1}{2} bc \sin \widehat{A}$.

Donc $S = \dfrac{1}{2} \sqrt{37} . 5 . \sin 27{,}4^\circ \approx 7{,}00.$

⑲

Posons $\vec{F} = \overrightarrow{AC}, \quad \vec{F_1} = \overrightarrow{AB}$
et $\vec{F_2} = \overrightarrow{AD}$ (fig. 27).

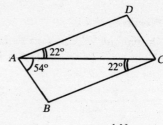

Fig. 27   ⊢ 1 N ⊣

Dans le triangle ABC, on connaît $AC = 2{,}7,$ $\widehat{BAC} = 54^\circ$ et $\widehat{BCA} = \widehat{CAD} = 22^\circ$.

Utilisons alors les notations de la page 13.

— On a $\widehat{B} = 180^\circ - (\widehat{A} + \widehat{C}) = 180^\circ - 54^\circ - 22^\circ = 104^\circ.$

— On a $\dfrac{c}{\sin \widehat{C}} = \dfrac{b}{\sin \widehat{B}},$ donc $c = b \dfrac{\sin \widehat{C}}{\sin \widehat{B}} = 2{,}7 . \dfrac{\sin 22^\circ}{\sin 104^\circ} \approx 1{,}04.$

Par conséquent, $\|\vec{F_1}\| \approx 1{,}04$ N.

— On a $\dfrac{a}{\sin \widehat{A}} = \dfrac{b}{\sin \widehat{B}},$ donc $a = b \dfrac{\sin \widehat{A}}{\sin \widehat{B}} = 2{,}7 . \dfrac{\sin 54^\circ}{\sin 104^\circ} \approx 2{,}25.$

Par conséquent, $\|\vec{F_2}\| \approx 2{,}25$ N.

Remarque : on peut vérifier graphiquement les résultats sur la figure 27.

On considère la figure 28.

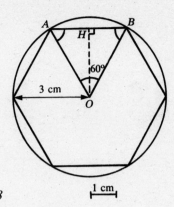

Fig. 28

La surface de l'hexagone est égale à six fois la surface S du triangle équilatéral AOB. Calculons S.

Première méthode

$$S = \frac{\text{base} \times \text{hauteur}}{2} = \frac{1}{2} AB . OH.$$

Or $\sin \widehat{B} = \dfrac{OH}{OB}$, donc $OH = OB . \sin \widehat{B} = 3 . \sin 60° = \dfrac{3\sqrt{3}}{2}.$

Par conséquent, $S = \dfrac{1}{2} . 3 . \dfrac{3\sqrt{3}}{2} = \dfrac{9\sqrt{3}}{4}.$

Deuxième méthode

Avec les notations de la page 13, $S = \dfrac{1}{2} bc \sin \widehat{A}.$

Donc $S = \dfrac{1}{2} . 3 . 3 \sin 60° = \dfrac{9\sqrt{3}}{4}.$

Conclusion : la surface de l'hexagone est

$$6 \times \frac{9\sqrt{3}}{4} = \frac{27\sqrt{3}}{2} \approx 23,4 \text{ cm}^2.$$

CHAPITRE 2

Géométrie plane (2) Quelques transformations du plan

Ce qu'il faut savoir

Tableau 1

Trans-formations	PROJECTION SUR D, PARALLÈLEMENT À $\varDelta$	SYMÉTRIE PAR RAPPORT À D, PARALLÈLEMENT À $\varDelta$
DÉFINITION	$\begin{cases} \overrightarrow{MM'} \text{ et } \vec{v} \text{ sont colinéaires} \\ M' \in D \end{cases}$	$\begin{cases} \overrightarrow{MM'} \text{ et } \vec{v} \text{ sont colinéaires} \\ \text{Le milieu } I \text{ de } (M, M') \\ \text{appartient à } D \end{cases}$
FIGURE	 **Fig. 1**	 **Fig. 2**
RELATION ENTRE $\overrightarrow{MN}$ ET $\overrightarrow{M'N'}$	si $\overrightarrow{MN} = x\vec{u} + y\vec{v}$, alors $\overrightarrow{M'N'} = x\vec{u}$	si $\overrightarrow{MN} = x\vec{u} + y\vec{v}$, alors $\overrightarrow{M'N'} = x\vec{u} - y\vec{v}$
POINTS INVARIANTS	les points de D	les points de D
AUTRES PROPRIÉTÉS	si $\overrightarrow{AB} = k\overrightarrow{BC}$, alors $\overrightarrow{A'B'} = k\overrightarrow{B'C'}$ (Thalès) **Fig. 3**	la symétrie est une application bijective, égale à sa réciproque

Tableau 2

Trans-formations	TRANSLATION DE VECTEUR $\vec{u}$	HOMOTHÉTIE DE CENTRE Ω ET DE RAPPORT k ($k \in \mathbb{R}^*$)
NOTATION	$t_{\vec{u}}$	$h_{\Omega,k}$
DÉFINITION	$\overrightarrow{MM'} = \vec{u}$	$\overrightarrow{\Omega M'} = k\overrightarrow{\Omega M}$
FIGURE	*Fig. 4*	*Fig. 5*
RELATION ENTRE $\overrightarrow{MN}$ ET $\overrightarrow{M'N'}$	$\overrightarrow{M'N'} = \overrightarrow{MN}$	$\overrightarrow{M'N'} = k\overrightarrow{MN}$
CONSÉQUENCES	• $M'N' = MN$ • l'image d'une droite est une droite parallèle	• $M'N' = \|k\| . MN$ • l'image d'une droite est une droite parallèle
POINTS INVARIANTS	• si $\vec{u} = \vec{0}$, tout point est invariant ($t_{\vec{u}} = $ id) [1] • si $\vec{u} \neq \vec{0}$, pas de point invariant	• si $k = 1$, tout point est invariant ($h_{\Omega,1} = $ id) [1] • si $k \neq 1$, Ω est le seul point invariant
AUTRES PROPRIÉTÉS	• $t_{\vec{u}} \circ t_{\vec{v}} = t_{\vec{u}+\vec{v}}$ • $t_{\vec{u}}$ est une bijection et $(t_{\vec{u}})^{-1} = t_{-\vec{u}}$	• $h_{\Omega,k} \circ h_{\Omega,k'} = h_{\Omega,kk'}$ • $h_{\Omega,k}$ est une bijection et $(h_{\Omega,k})^{-1} = h_{\Omega,\frac{1}{k}}$

[1] id désigne l'application identité du plan qui à tout point associe lui-même.

On note

● $\mathcal{P}$ le plan et $\mathcal{V}$ l'ensemble des vecteurs du plan.

● M', N', ... les images respectives des points M, N, ... par les transformations considérées.

I — PROJECTIONS ET SYMÉTRIES

Voir le tableau 1, p. 49.

Remarque

Si $\Delta \perp D$, on parle de projection orthogonale sur D et de symétrie orthogonale par rapport à D.

II — TRANSLATIONS ET HOMOTHÉTIES

1° Rappels

Voir le tableau 2, p. 50.

2° Les homothéties-translations

On appelle ainsi toute application qui est soit une homothétie, soit une translation.

PROPRIÉTÉ CARACTÉRISTIQUE

Soit f une application de $\mathcal{P}$ dans $\mathcal{P}$. On pose $M' = f(M)$, $N' = f(N)$. L'application f est une homothétie-translation de rapport k ($k \in \mathbb{R}^*$) si et seulement si

$$\forall M \in \mathcal{P}, \quad \forall N \in \mathcal{P}, \quad \overrightarrow{M'N'} = k\overrightarrow{MN}.$$

Si $k = 1$, f est une translation.
Si $k \neq 1$, f est une homothétie de rapport k.

AUTRES PROPRIÉTÉS

● La composée de deux homothéties-translations de rapport k et k' est une homothétie-translation de rapport kk'.

● Soit $(O, \vec{i}, \vec{j})$ un repère. Une homothétie-translation de rapport k est définie analytiquement[1] par des relations de la forme

$$\begin{cases} x' = kx + a, \\ y' = ky + b. \end{cases}$$

(1) Voir V, 1, p. 55.

Remarque

Réciproquement, quels que soient les réels a et b, quel que soit le réel k non nul, des relations de la forme précédente définissent analytiquement une homothétie-translation de rapport k.

III — ROTATIONS

1° Définition

Soit O un point et α un angle orienté (cf. p. 93).
On appelle rotation de centre O et d'angle α l'application, qui à tout point M du plan associe le point M' défini par

> Si $M = O$, alors $M' = O$.
> Si $M \neq O$, alors $OM = OM'$ et $(\widehat{\overrightarrow{OM}, \overrightarrow{OM'}}) = \alpha$ (fig. 6).

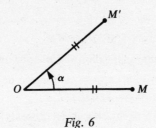

Fig. 6

Remarque

Si $\alpha = 0$ rad, cette application est l'identité.
Si $\alpha \neq 0$ rad, le seul point invariant est O.

2° Propriétés

Notons $r_{O,\alpha}$ la rotation de centre O et d'angle α.

• Soient α et β des angles. On a

$$r_{O,\alpha} \circ r_{O,\beta} = r_{O,\beta} \circ r_{O,\alpha} = r_{O,\alpha+\beta}$$

• Toute rotation est bijective et $(r_{O,\alpha})^{-1} = r_{O,-\alpha}.$

• Soient M', N', P', Q' les images respectives des points M, N, P, Q par la rotation $r_{O,\alpha}$ (fig. 7). On a

$$\boxed{M'N' = MN}$$ « une rotation conserve les distances ».

$$\boxed{(\widehat{\overrightarrow{MN}, \overrightarrow{M'N'}}) = \alpha}$$

$$\boxed{(\widehat{\overrightarrow{M'N'}, \overrightarrow{P'Q'}}) = (\widehat{\overrightarrow{MN}, \overrightarrow{PQ}})}$$ « une rotation conserve les angles ».

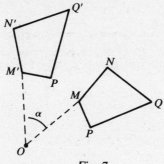

Fig. 7

• Soit A un point distinct de O et A' l'image de A par $R_{O, \alpha}$.
Notons B l'image de A par $r_{O, \frac{\pi}{2}}$.

Soient H et K respectivement les projections orthogonales de A' sur (OA) et (OB) (fig. 8).

On a $\overrightarrow{OH} = \cos \alpha . \overrightarrow{OA}$ et $\overrightarrow{OK} = \sin \alpha . \overrightarrow{OB}$.

Donc $$\boxed{\overrightarrow{OA'} = \overrightarrow{OH} + \overrightarrow{OK} = \cos \alpha . \overrightarrow{OA} + \sin \alpha . \overrightarrow{OB}}$$

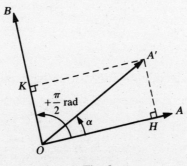

Fig. 8

IV — SYMÉTRIES ORTHOGONALES OU RÉFLEXIONS

1° Définition

Voir page 49, dans le cas ou $\Delta \perp D$.
Dans tout ce qui suit, on note s_D la symétrie orthogonale par rapport à une droite D.

2° Propriétés

a) Revoir les propriétés générales des symétries (page 49).

b) On note M', N', P', Q' les images respectives des points M, N, P, Q par la symétrie orthogonale s_D (fig. 9). On a

$$\boxed{M'N' = MN}$$

$$\boxed{(\widehat{\overrightarrow{M'N'}, \overrightarrow{P'Q'}}) = -(\widehat{\overrightarrow{MN}, \overrightarrow{PQ}})}$$

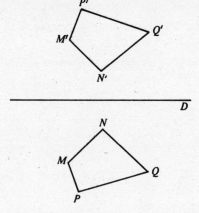

Fig. 9

3° Composée de deux symétries orthogonales

Soient s_D et $s_{D'}$ respectivement les symétries orthogonales par rapport aux droites D et D'.

Soit M un point. On considère le schéma $M \overset{s_D}{\longmapsto} N \overset{s_{D'}}{\longmapsto} P$. $s_{D'} \circ s_D$

On note I et J les milieux respectifs de $[MN]$ et $[NP]$.

Cas où D et D' sont parallèles
On démontre à l'exercice 16, p. 61, que $s_{D'} \circ s_D$ est la translation de vecteur $2\overrightarrow{IJ}$.

Cas où D et D' sont sécantes

● Notons O le point d'intersection de D et D', $\vec{u}$ un vecteur directeur de D et $\vec{u}\,'$ un vecteur directeur de D'.
La composée $s_{D'} \circ s_D$ est une rotation, de centre O et d'angle $2(\widehat{\vec{u}, \vec{u}\,'})$ (fig. 10).

● Inversement, toute rotation r de centre O et d'angle α peut se décomposer d'une infinité de façons en la composée de deux symétries orthogonales comme suit :
soit x une mesure en radians de α ;

soient $\vec{u}$ et $\vec{u}\,'$ des vecteurs non nuls tels que $(\widehat{\vec{u}, \vec{u}\,'}) = \dfrac{x}{2}$ rad ;

soient D et D' respectivement les droites passant par O et de vecteurs directeurs $\vec{u}$ et $\vec{u}\,'$;
alors $r = s_{D'} \circ s_D$.　　(fig. 10).

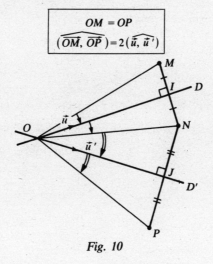

$$OM = OP$$
$$(\widehat{\overrightarrow{OM}, \overrightarrow{OP}}) = 2(\widehat{\vec{u}, \vec{u}\,'})$$

Fig. 10

V — UN PEU DE VOCABULAIRE

1° Définir analytiquement une transformation

Soit $(O; \vec{i}, \vec{j})$ un repère du plan. On considère une transformation f du plan qui, à tout point $M(x, y)$ associe le point $M'(x', y')$. Définir analytiquement f, c'est exprimer x' et y' en fonction de x et y.

2° Isométrie

Une isométrie est une transformation f du plan qui conserve les distances, c'est-à-dire que pour tous points M et N, on a

$$\|\overrightarrow{f(M)f(N)}\| = \|\overrightarrow{MN}\|.$$

On démontre, en Terminale, que toute isométrie est
— soit une translation,
— soit une rotation,
— soit une symétrie orthogonale,
— soit la composée d'une symétrie orthogonale par rapport à une droite D et d'une translation de vecteur $\vec{u}$, où $\vec{u}$ est un vecteur directeur de D.

Exercices

Exercices 1 à 10. Homothéties et translations

(1) *Triangles homothétiques*

Deux triangles ABC et $A'B'C'$ sont homothétiques si et seulement s'il existe une homothétie h telle que

$h(A) = A'$, $h(B) = B'$ et $h(C) = C'$.

1° Démontrer que si les triangles ABC et $A'B'C'$ sont homothétiques, alors leurs côtés sont respectivement parallèles, c'est-à-dire $(AB) /\!/ (A'B')$, $(BC) /\!/ (B'C')$, $(CA) /\!/ (C'A')$.

2° Soient ABC et $A'B'C'$ deux triangles ayant leurs côtés respectivement parallèles.

a) Démontrer qu'il existe une homothétie-translation f telle que $f(A) = A'$ et $f(B) = B'$.

b) Démontrer que $f(C) = C'$.

c) Que peut-on dire des droites, (AA'), (BB') et (CC') en supposant $A \neq A'$, $B \neq B'$ et $C \neq C'$?

(2) *Points alignés dans un trapèze*

Soient I et J les milieux des bases $[AB]$ et $[CD]$ d'un trapèze $ABCD$.

Soit M le point d'intersection des droites (AD) et (BC), N le point d'intersection des droites (AC) et (BD).

Démontrer que M, N, I et J sont alignés.

Indication :

On pourra considérer des homothéties de centre M et N.

(3) *Composée de deux homothéties de centres quelconques*

On considère les homothéties h_1 et h_2, de centres Ω_1 et Ω_2 et de rapports k_1 et k_2 respectivement.

1° Si $k_1 k_2 \neq 1$, rappeler pourquoi $h_2 \circ h_1$ est une homothétie de rapport $k_1 k_2$. Soit Ω son centre. Exprimer $\overrightarrow{\Omega_1 \Omega}$ en fonction de $\overrightarrow{\Omega_1 \Omega_2}$, k_1 et k_2.

2° Si $k_1 k_2 = 1$, rappeler pourquoi $h_2 \circ h_1$ est une translation. Déterminer son vecteur $\vec{u}$ en fonction de $\overrightarrow{\Omega_1 \Omega_2}$, k_1 et k_2.

(4) _Composée d'une homothétie et d'une translation_
Soit h une homothétie de centre Ω et de rapport k différent de 1.
Soit t une translation de vecteur $\vec{u}$.

1° Rappeler pourquoi $t \circ h$ est une homothétie de rapport k. Soit I
son centre. Exprimer $\overrightarrow{\Omega I}$ en fonction de $\vec{u}$ et k.

2° Rappeler pourquoi $h \circ t$ est une homothétie de rapport k. Soit J
son centre. Exprimer $\overrightarrow{\Omega J}$ en fonction de $\vec{u}$ et k.

3° Peut-on avoir $t \circ h = h \circ t$?

(5) Soit $(O; \vec{i}, \vec{j})$ un repère.

1° Définir analytiquement l'homothétie h de centre $I(1, -2)$ et de
rapport 3.

2° Pour chacune des applications g ci-dessous, définir analytiquement
g, puis $g \circ h$. Reconnaître la nature de $g \circ h$ et préciser ses éléments
remarquables.

a) g est l'homothétie de centre $K(-2,5)$ et de rapport $\dfrac{1}{3}$.

b) g est la translation de vecteur $\vec{u} = \vec{i} + \vec{j}$.

(6) _Cercles et homothéties_

1° Soit h une homothétie de centre Ω et de rapport k.
Démontrer que l'image d'un cercle $\mathcal{C}$ de centre O et de rayon R
par h est un cercle $\mathcal{C}'$ de centre $O' = h(O)$ et de rayon $|k| . R$.

2° Réciproquement, soient $\mathcal{C}$ et $\mathcal{C}'$ des cercles distincts de centres
O et O', de rayons R et R' respectivement.
Existe-t-il une homothétie transformant $\mathcal{C}$ en $\mathcal{C}'$?

(7) _Droite et cercle d'Euler_
Soit ABC un triangle. On note I, J, K les milieux respectifs de
(A, B), (B, C), (C, A) et G le centre de gravité du triangle ABC.
On note A'', B'', C'' les pieds respectifs des hauteurs issues de A, B,
C et H l'orthocentre du triangle ABC. Soit O le centre du cercle $\mathcal{C}$
circonscrit au triangle ABC et R son rayon.

1° On appelle h l'homothétie de centre G et de rapport $-\dfrac{1}{2}$.

a) Déterminer $h(A)$, $h(B)$ et $h(C)$.

b) Soit Ω le centre du cercle Γ circonscrit au triangle IJK. Démontrer
que $h(O) = \Omega$.

c) Démontrer que O est l'orthocentre du triangle IJK. En déduire que $h(H) = O$.

d) Déduire des questions précédentes que les points O, G, Ω, H sont sur une même droite (appelée droite d'Euler).

2° Soit h' l'homothétie de centre H et de rapport $\dfrac{1}{2}$.

a) Démontrer que $h'(O) = \Omega$. En déduire que l'image du cercle $\mathcal{C}$ par h' est le cercle Γ.

b) Démontrer que les milieux respectifs α, β, γ de (H, A), (H, B), (H, C) sont sur le cercle Γ.

3° *a*) Démontrer que $\overrightarrow{\Omega J} = -\dfrac{1}{2}\,\overrightarrow{OA}$ et $\overrightarrow{\Omega \alpha} = \dfrac{1}{2}\,\overrightarrow{OA}$.
En déduire que A' appartient à Γ.

b) Démontrer de même que B' et C' appartiennent à Ω. Le cercle Γ, qui contient les points I, J, K, A', B', C', α, β, γ est appelé cercle d'Euler ou cercle des neuf points

8 Soit ABC un triangle. Construire un carré $MNPQ$ tel que $M \in [AB]$, $N \in [AB]$, $P \in [BC]$, $Q \in [AC]$.

Indication : On pourra construire un carré $M'N'P'Q'$ tel que $M' \in [AB]$, $N' \in [AB]$, $P' \in [BC]$ et utiliser une homothétie.

9 Soit A un point d'un secteur saillant $[xOy]$. Construire un cercle $\mathcal{C}$ passant par A et tangent aux demi-droites Ox et Oy.

Indication : On pourra construire un cercle Γ tangent à Ox et Oy et utiliser une homothétie.

10 Une tige $[MN]$ de longueur $2l$ a ses extrémités sur un cercle $\mathcal{C}$ de centre O et de rayon $R(R \geqslant l)$. Soit A un point du plan.
Lorsque M et N décrivent $\mathcal{C}$:

1° quel est l'ensemble des milieux I de (M, N) ?

2° quel est l'ensemble des centres de gravité G du triangle AMN ?

Exercices 11 à 14. Définition analytique d'une projection ou d'une symétrie

Dans les exercices 11 à 14, le plan est rapporté à un repère $\left(O; \vec{i}, \vec{j}\right)$.

(11) 1° Vérifier que la droite D d'équation $x - y - 1 = 0$ et la droite Δ d'équation $x + 3y - 5 = 0$ ne sont pas parallèles.

2° Définir analytiquement la projection p sur D suivant Δ.

(12) Soit f l'application qui à tout point $M(x, y)$ associe le point $M'(x', y')$ défini par

$$\begin{cases} x' = \dfrac{1}{3}(2x + y - 1), \\[2mm] y' = \dfrac{1}{3}(2x + y + 2). \end{cases}$$

1° Déterminer l'ensemble D des points invariants par f.

2° Démontrer que l'image M' de tout point M est élément de D.

3° Démontrer qu'il existe un vecteur $\vec{v}$ non nul tel que, pour tout point M d'image M', les vecteurs $\overrightarrow{MM'}$ et $\vec{v}$ soient colinéaires.

4° Reconnaître f.

(13) 1° Vérifier que la droite D d'équation $x + 3y - 15 = 0$ et la droite Δ d'équation $2x - y - 2 = 0$ ne sont pas parallèles.

2° Définir analytiquement la symétrie s par rapport à D suivant Δ.

(14) Soit f l'application qui à tout point $M(x, y)$ associe le point $M'(x', y')$ défini par

$$\begin{cases} x' = \dfrac{1}{3}(-x - 4y + 8), \\[2mm] y' = \dfrac{1}{3}(-2x + y + 4). \end{cases}$$

1° Déterminer l'ensemble D des points invariants.

2° Démontrer que, pour tout point M d'image M', le milieu I de (M, M') est élément de D.

3° Démontrer qu'il existe un vecteur $\vec{v}$ non nul tel que, pour tout point M d'image M', les vecteurs $\overrightarrow{MM'}$ et $\vec{v}$ soient colinéaires.

4° Reconnaître f.

Exercices 15 à 22. Isométries

(15) Soient O et M des points distincts du plan.

On note r la rotation de centre O et d'angle $\dfrac{2\pi}{3}$ rad.

On pose $N = r(M)$ et $P = r(N)$.
Démontrer que le triangle MNP est équilatéral.

(16) *Composée de deux réflexions par rapport à des droites parallèles*

1° Soient D et D' des droites parallèles.
On note s_D et $s_{D'}$ respectivement les symétries orthogonales par rapport à D et D'.
Démontrer que $s_{D'} \circ s_D$ est une translation dont le vecteur est orthogonal à D et D'.

2° Soit $t_{\vec{v}}$ une translation de vecteur $\vec{v}$ non nul.
Soit D une droite orthogonale à $\vec{v}$.
Démontrer qu'il existe une seule droite D' telle que $t_{\vec{v}} = s_{D'} \circ s_D$.

(17) *Isométries laissant deux points globalement invariants*
Soient A et B deux points distincts.
On dit qu'une application f laisse les points A et B globalement invariants si et seulement si
— soit $f(A) = A$ et $f(B) = B$,
— soit $f(A) = B$ et $f(B) = A$.

1° Déterminer l'ensemble $\mathcal{E}$ des rotations et des symétries orthogonales laissant les points A et B globalement invariants.

2° Soient f et g des éléments quelconques de $\mathcal{E}$ (il y a 4 possibilités pour f et 4 possibilités pour g).
Définir $f \circ g$ dans chacun des 16 cas possibles.

(18) *Définition analytique d'une rotation de centre O*
Soit $(O, \vec{i}, \vec{j})$ un repère orthonormé direct du plan.

On note r la rotation de centre O et d'angle $\dfrac{\pi}{6}$ rad.

1° Dans le repère $(O, \vec{i}, \vec{j})$, soit $A(3, 1)$. On se propose de calculer les coordonnées de $A' = r(A)$.

a) Soit B l'image de A par la rotation de centre O et d'angle $\dfrac{\pi}{2}$ rad.
Quelles sont les coordonnées de B dans le repère $(O, \vec{i}, \vec{j})$?

b) Quelles sont les coordonnées de A' dans le repère $\left(O, \overrightarrow{OA}, \overrightarrow{OB}\right)$?

c) En déduire les coordonnées de A' dans le repère $\left(O, \vec{i}, \vec{j}\right)$.

2° Dans le repère $\left(O, \vec{i}, \vec{j}\right)$, soit $M(x, y)$. On pose $M' = r(M)$. Calculer les coordonnées (x', y') de M' dans le repère $\left(O, \vec{i}, \vec{j}\right)$ en fonction de x et y.

Indication : On pourra procéder comme au 1°.

(19) Construire un triangle rectangle isocèle ABC (avec $\widehat{A} = 90°$), dont le sommet A est donné, le sommet B est sur une droite $\mathcal{D}$ donnée et le sommet C sur un cercle $\mathcal{C}$ donné.

(20) On construit extérieurement à un triangle ABC deux triangles équilatéraux ABC' et ACB'.

1° Démontrer que $C'C = B'B$ et calculer $\left(\widehat{\overrightarrow{C'C}, \overrightarrow{BB'}}\right)$.

2° On suppose que B et C sont fixés et que A décrit une droite Δ.

a) Quel est l'ensemble des points B'?

b) Quel est l'ensemble des points C'?

(21) Soit $ABCD$ un carré. On considère des points M et N des segments $[AB]$ et $[BC]$ respectivement, tels que $AM = BN$.

1° Démontrer que les droites (AN) et (DM) sont orthogonales, ainsi que les droites (DN) et (CM).

2° Soit I le point d'intersection des droites (CM) et (AN). Démontrer que les droites (DI) et (MN) sont orthogonales.

(22) *Trajets de longueur minimale*

1° On considère la figure 11. Quel est le trajet le plus court pour aller de A en B en passant chercher de l'eau à la rivière?

Indication : On pourra faire intervenir le point B', symétrique orthogonale de B par rapport à la rivière.

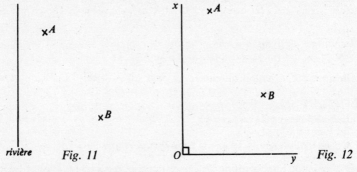

rivière   *Fig. 11* O y *Fig. 12*

2° On considère la figure 12.

Quel est le trajet le plus court de type $AMNB$ avec $M \in Ox$ et $N \in Oy$?

Corrigés

①

1° On sait qu'une homothétie transforme une droite en une droite parallèle, donc

$(AB)/\!/(A'B')$, $(BC)/\!/(B'C')$ et $(CA)/\!/(C'A')$.

2°

    Le rapport de l'homothétie-translation est le réel k tel que $\overrightarrow{A'B'} = k\overrightarrow{AB}$.

a) Les vecteurs $\overrightarrow{A'B'}$ et $\overrightarrow{AB}$ sont colinéaires, donc il existe un réel k tel que $\overrightarrow{A'B'} = k\overrightarrow{AB}$.

— Si $k = 1$, le quadrilatère $AA'B'B$ est un parallélogramme donc la translation de vecteur

$$\vec{u} = \overrightarrow{AA'} = \overrightarrow{BB'}$$

transforme A en A' et B en B' (fig. 13).
Par conséquent, $f = t_{\overrightarrow{AA'}}$.

— Si $k \neq 1$, cherchons s'il existe une homothétie f de rapport k transformant A en A'. Son centre Ω est défini par $\overrightarrow{\Omega A'} = k\overrightarrow{\Omega A}$ c'est-à-dire

$$\overrightarrow{\Omega A'} - k\overrightarrow{\Omega A} = \vec{0}.$$

Comme $1 + (-k) \neq 0$, il existe un seul point Ω vérifiant

$$\overrightarrow{\Omega A'} - k\overrightarrow{\Omega A} = \vec{0};$$

c'est le barycentre de $A'(1)$, $A(-k)$.
Démontrons que $f(B) = B'$, c'est-à-dire $\overrightarrow{\Omega B'} = k\overrightarrow{\Omega B}$. On a

$$\overrightarrow{\Omega B'} = \overrightarrow{\Omega A'} + \overrightarrow{A'B'} = k\overrightarrow{\Omega A} + k\overrightarrow{AB} = k(\overrightarrow{\Omega A} + \overrightarrow{AB}) = k\overrightarrow{\Omega B}.$$

b)

    Pour démontrer que $f(C) = C'$, il est commode de poser $f(C) = C_1$ et de démontrer que $C_1 = C'$.

Posons $f(C) = C_1$. Comme f est une homothétie-translation, on a $(AC)/\!/(A'C_1)$ et $(BC)/\!/(B'C_1)$. Or par hypothèses $(AC)/\!/(A'C')$ et $(BC)/\!/(B'C')$.
Les droites $(A'C')$ et $(A'C_1)$ sont donc confondues, ainsi que les droites $(B'C')$ et $(B'C_1)$.
On en déduit que $C_1 = C'$, c'est-à-dire que $f(C) = C'$.

c) Si $k = 1$, l'application f est une translation, donc les droites (AA'), (BB') et (CC') sont parallèles (fig. 13).
— Si $k \neq 1$, l'application f est une homothétie, donc les droites (AA'), (BB') et (CC') sont concourantes en Ω (fig. 14).

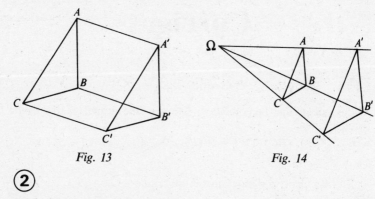

Fig. 13   Fig. 14

②

On considère la figure 15.

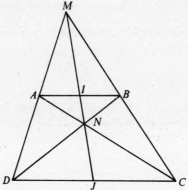

Fig. 15

— Soit h l'homothétie de centre M telle que
$h(A) = D$.

Le point $h(B)$ appartient à la droite (MB) et à la droite (DC), image de (AB) par h (car $(AB)/\!/(DC)$).
Donc $h(B) = C$.
On en déduit que le milieu de (A, B) a pour image par h le milieu de (D, C), c'est-à-dire que $h(I) = J$.
Les points I, M et J sont alignés.
— Soit h' l'homothétie de centre N telle que $h'(A) = C$. Le point $h'(B)$ appartient à la droite (NB) et à la droite (DC), image de (AB) par h' (car $(AB)/\!/(DC)$).
Donc $h'(B) = D$.
On en déduit que le milieu de (A, B) a pour image par h' le milieu de (C, D), c'est-à-dire que $h'(I) = J$.
Les points I, N et J sont alignés.

Conclusion
Les points M, N, I, J sont alignés.

1° On sait que $h_2 \circ h_1$ est une homothétie-translation de rapport $k_2 k_1$.
Donc

si $k_1 k_2 \neq 1$, $h_2 \circ h_1$ est une homothétie;
si $k_1 k_2 = 1$, $h_2 \circ h_1$ est une translation.

Par hypothèses, $(h_2 \circ h_1)(\Omega) = \Omega$.

Considérons le diagramme suivant :

$$\Omega \xrightarrow{h_1} \Omega' \xrightarrow{h_2} \Omega.$$

Il se traduit par

$$\begin{cases} \overrightarrow{\Omega_1 \Omega'} = k_1 \overrightarrow{\Omega_1 \Omega} \\ \overrightarrow{\Omega_2 \Omega} = k_2 \overrightarrow{\Omega_2 \Omega'}. \end{cases}$$

Transformons ces relations. On a, par exemple :

$$\overrightarrow{\Omega_2 \Omega} = k_2 \overrightarrow{\Omega_2 \Omega'} = k_2 (\overrightarrow{\Omega_2 \Omega_1} + \overrightarrow{\Omega_1 \Omega'}),$$
$$\overrightarrow{\Omega_2 \Omega} = k_2 (\overrightarrow{\Omega_2 \Omega_1} + k_1 \overrightarrow{\Omega_1 \Omega}),$$
$$\overrightarrow{\Omega_2 \Omega_1} + \overrightarrow{\Omega_1 \Omega} = k_2 \overrightarrow{\Omega_2 \Omega_1} + k_2 k_1 \overrightarrow{\Omega_1 \Omega},$$
$$(1 - k_2 k_1) \overrightarrow{\Omega_1 \Omega} = (k_2 - 1) \overrightarrow{\Omega_2 \Omega_1}.$$

Comme $k_2 k_1 \neq 1$, on obtient

$$\overrightarrow{\Omega_1 \Omega} = \frac{k_2 - 1}{1 - k_2 k_1} \, \overrightarrow{\Omega_2 \Omega_1}.$$

Remarque
Les points Ω_1, Ω_2, Ω sont alignés.

2° Si $k_1 k_2 = 1$, l'application $h_2 \circ h_1$ est une translation (voir 1°).
Soit $\vec{u}$ son vecteur. Pour trouver $\vec{u}$, il suffit de connaître l'image d'un point, par exemple Ω_1. Considérons le diagramme suivant :

$$\Omega_1 \xrightarrow{h_1} \Omega_1 \xrightarrow{h_2} A.$$
$$\underrightarrow{\quad t_{\vec{u}} \quad}$$

Calculons $\vec{u} = \overrightarrow{\Omega_1 A}$.
Comme $h_2(\Omega_1) = A$, on peut écrire

$$\overrightarrow{\Omega_2 A} = k_2 \overrightarrow{\Omega_2 \Omega_1},$$

c'est-à-dire $\overrightarrow{\Omega_2 \Omega_1} + \overrightarrow{\Omega_1 A} = k_2 \overrightarrow{\Omega_2 \Omega_1}$,

$$\overrightarrow{\Omega_1 A} = (k_2 - 1) \overrightarrow{\Omega_2 \Omega_1},$$
$$\vec{u} = (k_2 - 1) \overrightarrow{\Omega_2 \Omega_1}.$$

Remarque
Le vecteur $\vec{u}$ est colinéaire à $\overrightarrow{\Omega_2 \Omega_1}$.

1° L'application $t \circ h$ est une homothétie-translation de rapport $1 \times k = k$. Comme $k \neq 1$, c'est une homothétie.
Par hypothèses, $(t \circ h)(I) = I$.
Considérons le diagramme suivant :

$$I \xrightarrow{\ h\ } I' \xrightarrow{\ t\ } I.$$

Il se traduit par
$$\begin{cases} \overrightarrow{\Omega I}' = k\overrightarrow{\Omega I}, \\ \overrightarrow{I'I} = \vec{u}. \end{cases}$$

En additionnant ces deux relations membre à membre, on trouve
$$(\overrightarrow{\Omega I}' + \overrightarrow{I'I}) = k\overrightarrow{\Omega I} + \vec{u},$$
$$\overrightarrow{\Omega I} = k\overrightarrow{\Omega I} + \vec{u},$$
$$(1 - k)\overrightarrow{\Omega I} = \vec{u}.$$
Comme $k \neq 1$, on obtient
$$\overrightarrow{\Omega I} = \frac{1}{(1 - k)}\vec{u}.$$

2° L'application $h \circ t$ est une homothétie-translation de rapport $k \times 1 = k$. Comme $k \neq 1$, c'est une homothétie.
Par hypothèses,
$$(h \circ t)(J) = J.$$

Considérons le diagramme suivant :

$$J \xrightarrow{\ t\ } J' \xrightarrow{\ h\ } J.$$

Il se traduit par
$$\begin{cases} \overrightarrow{JJ}' = \vec{u}, \\ \overrightarrow{\Omega J} = k\overrightarrow{\Omega J}'. \end{cases}$$

On en déduit que
$$\overrightarrow{\Omega J} = k\overrightarrow{\Omega J}' = k(\overrightarrow{\Omega J} + \overrightarrow{JJ}'),$$
$$\overrightarrow{\Omega J} = k(\overrightarrow{\Omega J} + \vec{u}),$$
$$(1 - k)\overrightarrow{\Omega J} = k\vec{u}.$$

Comme $k \neq 1$, on obtient $\overrightarrow{\Omega J} = \dfrac{k}{1 - k}\vec{u}.$

3° Les applications $t \circ h$ et $h \circ t$ sont des homothéties de même rapport k. Cherchons si leurs centres respectifs I et J peuvent être confondus.

Ceci équivaut à $\overrightarrow{\Omega I} = \overrightarrow{\Omega J}$,

$$\frac{1}{1-k} \, \vec{u} = \frac{k}{1-k} \, \vec{u},$$

$$\left(\frac{1}{1-k} - \frac{k}{1-k}\right) \vec{u} = \vec{0},$$

$$\vec{u} = \vec{0}.$$

L'application t est alors l'identité.

Remarque

Si $k = 1$, l'application h est l'identité et on a

$$h \circ t = t \circ h.$$

On peut donc en conclure que $h \circ t = t \circ h$ si et seulement si l'une des applications h ou t est égale à l'identité.

1° Soit $M'(x', y')$ l'image de $M(x, y)$ par h.

On a $\overrightarrow{IM'} = 3\overrightarrow{IM}$ donc

$$\begin{cases} x' - 1 = 3(x - 1), \\ y' + 2 = 3(y + 2), \end{cases}$$

c'est-à-dire $\begin{cases} x' = 3x - 2, \\ y' = 3y + 4. \end{cases}$

2° Soit $M'(x', y')$ l'image de $M(x, y)$ par g.

a) La relation $\overrightarrow{KM'} = \dfrac{1}{3} \, \overrightarrow{KM}$ donne

$$\begin{cases} x' + 2 = \dfrac{1}{3} \, (x + 2), \\ y' - 5 = \dfrac{1}{3} \, (y - 5), \end{cases}$$

c'est-à-dire $\begin{cases} x' = \dfrac{1}{3} \, x - \dfrac{4}{3}, \\ y' = \dfrac{1}{3} \, y + \dfrac{10}{3}. \end{cases}$

— On considère le diagramme

$$M(x, y) \xrightarrow{\ h\ } N(x'\ y') \xrightarrow{\ g\ } P(X, Y).$$

On obtient

$$\begin{cases} X = \dfrac{1}{3}\,x' - \dfrac{4}{3} = \dfrac{1}{3}\,(3x-2) - \dfrac{4}{3} = x - 2, \\[2mm] Y = \dfrac{1}{3}\,y' + \dfrac{10}{3} = \dfrac{1}{3}\,(3y+4) + \dfrac{10}{3} = y + \dfrac{14}{3}. \end{cases}$$

— On reconnaît la définition analytique d'une translation. Le vecteur $\overrightarrow{MP}$ a pour coordonnées

$$(X - x,\ Y - y) = \left(-2,\ \frac{14}{3}\right),$$

donc $g \circ h$ est la translation de vecteur $-2\vec{i} + \dfrac{14}{3}\,\vec{j}$.

b) On a $\overrightarrow{MM'} = \vec{u}$, c'est-à-dire

$$\begin{cases} x' - x = 1, \\ y' - y = 1, \end{cases}$$

donc $\quad \begin{cases} x' = x + 1, \\ y' = y + 1. \end{cases}$

— On considère le diagramme

$$M(x,\ y) \overset{h}{\longrightarrow} N(x',\ y') \overset{g}{\longrightarrow} P(X,\ Y).$$

On obtient

$$\begin{cases} X = x' + 1 = (3x - 2) + 1 = 3x - 1, \\ Y = y' + 1 = (3y + 4) + 1 = 3y + 5. \end{cases}$$

— On reconnaît la définition analytique d'une homothétie de rapport 3. Le centre L de l'homothétie a ses coordonnées (x, y) qui vérifient

$$\begin{cases} x = 3x - 1 \\ y = 3y + 5 \end{cases} \quad \text{d'où } L\left(\frac{1}{2},\ -\frac{5}{2}\right).$$

Remarque

On pouvait trouver directement la nature de l'homothétie translation $g \circ h$ en multipliant les rapports des homothéties-translations g et h.

a) $3 \times \dfrac{1}{3} = 1$.

b) $3 \times 1 = 3$.

$1°$ Soit M' l'image d'un point M par h.

On sait que $\overrightarrow{O'M'} = k\overrightarrow{OM}$ donc

$O'M' = |k| \cdot OM$.

— On en déduit que si $OM = R$, alors $O'M' = |k| \cdot R$, donc si $M \in \mathcal{C}$, alors $M' \in \mathcal{C}'$ (fig. 16).

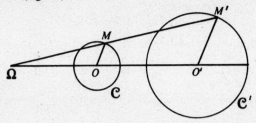

Fig. 16

— Réciproquement si $M' \in \mathcal{C}'$, soit M_1 son antécédent par h. On a

$$O'M' = |k| \cdot OM_1 \quad \text{et} \quad O'M' = |k| \cdot R,$$

donc $OM_1 = R$ et $M_1 \in \mathcal{C}$.

Conclusion

L'image du cercle $\mathcal{C}$ par h est le cercle $\mathcal{C}'$ en entier.

2° Soit h une homothétie de centre Ω et de rapport k transformant $\mathcal{C}$ en $\mathcal{C}'$. D'après le 1°, il faut et il suffit que

$$R' = |k| R \quad \text{et} \quad h(O) = O'.$$

La condition $R' = |k| R$ équivaut à $|k| = \dfrac{R'}{R}$, c'est-à-dire à $k = \dfrac{R'}{R}$ ou $k = -\dfrac{R'}{R}$.

La condition $h(O) = O'$ équivaut $\overrightarrow{\Omega O}' = k\overrightarrow{\Omega O}$, donc à

$$\overrightarrow{\Omega O}' - k\overrightarrow{\Omega O} = \vec{0}. \quad (1)$$

Premier cas : $k = \dfrac{R'}{R}$.

La relation (1) devient

$$\overrightarrow{\Omega O}' - \frac{R'}{R} \overrightarrow{\Omega O} = \vec{0}. \quad (2)$$

— Si $k = 1$ (c'est-à-dire $R = R'$), h est l'identité.

Comme les cercles sont supposés distincts, cette homothétie h ne peut transformer $\mathcal{C}$ en $\mathcal{C}'$.

— Si $k \neq 1$ (c'est-à-dire $R \neq R'$), la relation (2) signifie que Ω est le barycentre de O' (1) et $O\left(-\dfrac{R'}{R}\right)$ (car $1 - k \neq 0$). Il existe donc une seule homothétie de rapport $\dfrac{R'}{R}$ transformant $\mathcal{C}$ en $\mathcal{C}'$.

Deuxième cas : $k = -\dfrac{R'}{R}$.

La relation (1) devient $\overrightarrow{\Omega O}{}' + \dfrac{R'}{R}\,\overrightarrow{\Omega O} = \vec{0}.$ (3)

Cette fois-ci, $1 + \dfrac{R'}{R}$ est toujours différent de 0.

Il existe toujours un seul point Ω vérifiant (3) : le barycentre de O' (1) et $O\left(\dfrac{R'}{R}\right).$

Il existe donc une seule homothétie de rapport $\dfrac{-R'}{R}$ transformant $\mathcal{C}$ en $\mathcal{C}'$.

Conclusion

— Si $R' = R$, il y a une seule homothétie transformant $\mathcal{C}$ et $\mathcal{C}'$, de rapport $k = -\dfrac{R'}{R} = -1$; son centre Ω est le milieu de (O, O').

Si $\mathcal{C}$ et $\mathcal{C}'$ sont confondus, il y a deux homothéties transformant $\mathcal{C}$ en lui-même : l'identité et $h_{0,\,-1}$.

— Si $R' \neq R$, il y a deux homothéties transformant $\mathcal{C}$ en $\mathcal{C}'$: une de rapport $\dfrac{R'}{R}$ et l'autre de rapport $-\dfrac{R'}{R}$.

⑦

$1°$ $a)$ On a $h(A) = J$, $h(B) = K$, $h(C) = I$.
En effet G vérifie

$\overrightarrow{GA} + \overrightarrow{GB} + \overrightarrow{GC} = \vec{0},$

$\overrightarrow{GA} + (\overrightarrow{GJ} + \overrightarrow{JB}) + (\overrightarrow{GJ} + \overrightarrow{JC}) = \vec{0},$

$\overrightarrow{GA} + 2\overrightarrow{GJ} = \vec{0}$ (car J est le milieu de (B, C)),

$\overrightarrow{GA} = -2\overrightarrow{GJ}, \quad \overrightarrow{GJ} = -\dfrac{1}{2}\,\overrightarrow{GA}.$

Cette dernière relation signifie que $h(A) = J$.
En utilisant les relations

$\overrightarrow{GA} + \overrightarrow{GC} = 2\overrightarrow{GK}$ et $\overrightarrow{GA} + \overrightarrow{GB} = 2\overrightarrow{GI},$

on démontre de même que $h(B) = K$ et $k(C) = I$.

On a redémontré que le centre de gravité d'un triangle est le point de concours des médianes et qu'il est situé au tiers de chaque médiane en partant du pied (fig. 17).

$b)$

Une homothétie conserve l'orthogonalité et les milieux.

L'image de la médiatrice de $[AB]$ par h est donc la médiatrice de $[h(A), h(B)]$, c'est-à-dire la médiatrice de $[JK]$. Le point O, intersection des médiatrices du triangle *ABC*, a donc pour image par *h* le point d'intersection des médiatrices du triangle *IJK*. On a bien $h(O) = \Omega$.

Remarque

L'image par *h* du cercle $\mathcal{C}$ est le cercle Γ. Le rayon de Γ est donc $\dfrac{R}{2}$ (voir ex. 6, page 58).

c) Comme $h(A) = J$ et $h(C) = I$, les droites (AC) et (IJ) sont parallèles.

La médiatrice de $[AB]$ est donc orthogonale à (IJ). Comme elle passe par *K*, c'est la hauteur issue de *K* dans le triangle *IJK* (fig. 17). De même les médiatrices de $[AB]$ et $[BC]$ sont les hauteurs du triangle *IJK* issues de *I* et *J*.

Le point *O* est bien l'orthocentre du triangle *IJK*.

Comme une homothétie conserve l'orthogonalité, l'image par *h* de l'orthocentre *H* du triangle *ABC* est l'orthocentre *O* du triangle *IJK*. On a bien $h(H) = O$.

d) Comme $h(O) = \Omega$ d'après *b*), les points *O*, *G*, Ω sont alignés. Comme $h(H) = O$ d'après *c*), les points *H*, *G*, *O* sont alignés. Les points *O*, *G*, Ω, *H* sont donc bien sur une même droite (fig. 17).

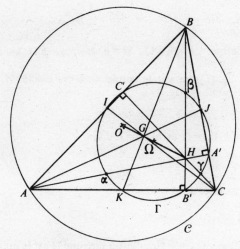

Fig. 17

$2°$ *a*) Les relations $h(O) = \Omega$ et $h(H) = O$ se traduisent par

$$\overrightarrow{G\Omega} = -\frac{1}{2}\,\overrightarrow{GO} \quad \text{et} \quad \overrightarrow{GO} = -\frac{1}{2}\,\overrightarrow{GH}.$$

Utilisons ces relations pour démontrer que $h'(O) = \Omega$, c'est-à-dire $\overrightarrow{H\Omega} = \frac{1}{2}\,\overrightarrow{HO}$.

On peut écrire, par exemple :

$$\overrightarrow{H\Omega} = \overrightarrow{HO} + \overrightarrow{OG} + \overrightarrow{G\Omega} = \overrightarrow{HO} - \overrightarrow{GO} + \overrightarrow{G\Omega}$$

$$= \overrightarrow{HO} + \frac{1}{2}\,\overrightarrow{GH} - \frac{1}{2}\,\overrightarrow{GO}$$

$$= \overrightarrow{HO} + \frac{1}{2}\,(\overrightarrow{GH} + \overrightarrow{OG})$$

$$= \overrightarrow{HO} + \frac{1}{2}\,\overrightarrow{OH}$$

$$= \overrightarrow{HO} - \frac{1}{2}\,\overrightarrow{HO} = \frac{1}{2}\,\overrightarrow{HO}.$$

L'image de $\mathcal{C}$ par h' est le cercle de centre $h'(O) = \Omega$ et de rayon $\frac{1}{2}\,R$. D'après la remarque du 1°, c'est le cercle Γ.

b) Par hypothèse,

$$\overrightarrow{H\alpha} = \frac{1}{2}\,\overrightarrow{HA}, \quad \overrightarrow{H\beta} = \frac{1}{2}\,\overrightarrow{HB} \quad \text{et} \quad \overrightarrow{H\gamma} = \frac{1}{2}\,\overrightarrow{HC}.$$

Ceci signifie que $\quad \alpha = h'(A), \quad \beta = h'(B), \quad \gamma = h'(C)$.

Comme A, B, C sont sur le cercle $\mathcal{C}$, leurs images α, β, γ par h' sont sur le cercle Γ (fig. 17).

3° *a*) On a $h(O) = \Omega$ et $h(A) = J$ donc

$$\overrightarrow{\Omega J} = -\frac{1}{2}\,\overrightarrow{OA}.$$

On a $h'(O) = \Omega$ et $h'(A) = \alpha$ donc

$$\overrightarrow{\Omega\alpha} = \frac{1}{2}\,\overrightarrow{OA}.$$

On en déduit que $\overrightarrow{\Omega J} = -\overrightarrow{\Omega\alpha}$, c'est-à-dire que Ω est le milieu de (α, J). Le segment $[\alpha J]$ est donc un diamètre du cercle Γ. Comme $\widehat{\alpha A' J} = 90°$, le point A' appartient à Γ (fig. 17).

b) On démontre de même que $[\beta K]$ et $[\gamma I]$ sont des diamètres de Γ.

Comme $\widehat{\beta B' K} = \widehat{\gamma C' I} = 90°$, les points B' et C' appartiennent à Γ (fig. 17).

Les problèmes de construction doivent être traités en deux temps :

Analyse : «on suppose le problème résolu», c'est-à-dire que l'on dessine une figure répondant à la question et on analyse ses différents éléments. On obtient des conditions nécessaires à la construction.

Synthèse : on étudie si les conditions nécessaires obtenues suffisent à réaliser la construction.

a) **Analyse du problème**

On considère un carré *MNPQ* répondant à la question et un carré *M'N'P'Q'* correspondant à l'indication de l'énoncé (fig. 18) (on trace d'abord le carré *MNPQ*, puis le triangle *ABC*, ...).

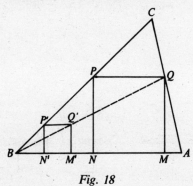

Fig. 18

Soit *h* l'homothétie de centre *B* qui transforme *Q'* en *Q*. Démontrons que

$$h(P') = P, \quad h(M') = M, \quad h(N') = N.$$

— La droite *(Q'P')* a pour image par *h* une droite passant par *Q* et parallèle à *(Q'P')* : c'est la droite *(QP)*.

La droite *(BC)* est invariante par *h*, donc le point d'intersection *P'* de *(Q'P')* et *(BC)* a pour image par *h* le point d'intersection *P* de *(QP)* et *(BC)*. On a bien

$$h(P') = P.$$

— De même, les droites *(Q'M')* et *(AB)* ont respectivement pour images par *h* les droites *(QM)* et *(AB)*, donc

$$h(M') = M.$$

— De même, les droites *(P'N')* et *(AB)* ont respectivement pour images par *h* les droites *(PN)* et *(AB)* donc

$$h(N') = N.$$

b) **Synthèse**
Voici une construction possible.
On place un point P' sur le segment $[BC]$.
On construit le carré $M'N'P'Q'$.
La droite (BQ') coupe le segment (AC) en Q.
On construit le carré $MNPQ$ à partir du point Q.

Lire le conseil de l'exercice 8

a) **Analyse du problème**
On considère un cercle C répondant à la question et un cercle Γ correspondant à l'indication de l'énoncé. Ces cercles ont leur centre sur la bissectrice Oz de l'angle $\widehat{xOy}$ (fig. 19). (Pour les représenter, on trace d'abord C, puis le point A, ...)

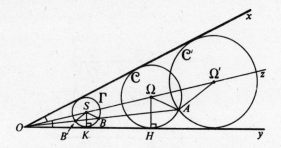

Fig. 19

Soient respectivement Ω et S les centres de C et Γ, H et K leurs projections orthogonales sur Oy; R et R' les rayons de C et Γ.
Soit h l'homothétie de centre O transformant S en Ω.
— Démontrons que h transforme Γ en C.
On a $h(K) = H$ car les droites (SK) et (OK) ont respectivement pour images par H les droites (ΩH) et (OH). Le rapport de l'homothétie h est donc égal à $\dfrac{H\Omega}{KS} = \dfrac{R'}{R}$. D'après les résultats de l'exercice 6, page 58, l'image du cercle Γ par h est le cercle C.
— Le point A a donc pour antécédent par h un point B situé sur la droite (OA) et sur Γ, les droites (ΩA) et (SB) étant parallèles.

b) **Synthèse**
Voici une construction possible.
On trace la bissectrice Oz de l'angle $\widehat{xOy}$.
On dessine un cercle Γ, centré en un point S de Oz, et tangent à Ox et Oy.
La droite OA recoupe le cercle Γ en deux points B et B'. Les parallèles à (SB) et (SB') menées par A recoupent Oz en Ω et Ω' respectivement. Les cercles C et C' de centres respectifs Ω et Ω' et passant par A sont les deux solutions du problème (fig. 19).

1° On considère la figure 20.

On a $\widehat{OIM} = 90°$, donc

$OI^2 + IM^2 = OM^2$, $OI^2 = OM^2 - IM^2$,

$OI^2 = R^2 - \ell^2$, $OI = \sqrt{R^2 - \ell^2}$.

L'ensemble des milieux I de (M, N) est donc le cercle $\mathcal{C}'$ de centre O et de rayon $\sqrt{R^2 - \ell^2}$ (fig. 20).

2° Le point G est situé aux deux tiers de la médiane en partant d'un sommet. On a donc

$$\overrightarrow{AG} = \frac{2}{3}\,\overrightarrow{AI}.$$

Ceci signifie que G est l'image de I dans l'homothétie h de centre A et de rapport $\frac{2}{3}$. L'ensemble des points G est donc l'image par h du cercle $\mathcal{C}'$, c'est-à-dire le cercle Γ de centre $O' = h(O)$ et de rayon $\frac{2}{3}\,\sqrt{R^2 - \ell^2}$ (voir l'exercice 6, p. 58) (fig. 20).

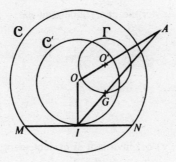

Fig. 20

11

1° Le vecteur $\vec{u}\,(1, 1)$ est un vecteur directeur de D.

Le vecteur $\vec{v}\,(-3, 1)$ est un vecteur directeur de Δ.

Comme $\begin{vmatrix} 1 & 1 \\ -3 & 1 \end{vmatrix} = 4 \neq 0$, les droites D et Δ ne sont pas parallèles.

2° Soit $M'(x', y')$ l'image d'un point $M(x, y)$ par p.

On doit avoir $\begin{cases} M' \in D & (1) \\ \overrightarrow{MM'} \text{ et } \vec{v} \text{ colinéaires} & (2) \end{cases}$ (fig. 1 p. 49).

La condition (1) donne $x' - y' - 1 = 0$.

Comme $\overrightarrow{MM}'$ a pour coordonnées $(x'-x, \ y'-y)$, la condition (2) donne

$$\begin{vmatrix} x'-x & y'-y \\ -3 & 1 \end{vmatrix} = 0,$$

c'est-à-dire $x-x+3y'-3y=0$.
On doit résoudre le système

$$\begin{cases} x'-y'-1=0 & (3) \\ x'+3y'-x=3y=0 & (4) \end{cases}$$

où les inconnues sont x' et y'.
En soustrayant (3) de (4), on trouve $4y'-x-3y+1=0$, donc $y' = \dfrac{1}{4}(x+3y-1)$.

En multipliant chaque membre de (3) par 3 et en ajoutant à (4), on trouve

$$4x'-3-x-3y=0,$$

donc $x' = \dfrac{1}{4}(x+3y+3)$.

Conclusion
La projection p est définie analytiquement par

$$\begin{cases} x' = \dfrac{1}{4}(x+3y+3), \\[2mm] y' = \dfrac{1}{4}(x+3y-1). \end{cases}$$

1° Un point $M(x, y)$ est invariant si et seulement si $x'=x$ et $y'=y$, c'est-à-dire

$$\begin{cases} x = \dfrac{1}{3}(2x+y-1), \\[2mm] y = \dfrac{1}{3}(2x+y+2). \end{cases}$$

Ce système équivaut successivement à

$$\begin{cases} 3x=2x+y-1, \\ 3y=2x+y+2, \end{cases} \quad \begin{cases} -x+y-1=0, \\ 2x-2y+2=0, \end{cases}$$

$$\begin{cases} -x+y-1=0, \\ -2(-x+y-1)=0, \end{cases} \quad \text{donc à } -x+y-1=0.$$

L'ensemble D des points invariants est donc la droite d'équation $-x+y-1=0$.

2° Vérifions que les coordonnées de M' satisfont à l'équation de D, c'est-à-dire que $-x'+y'-1=0$. On a

$$-x'+y'-1 = -\frac{1}{3}(2x+y-1)+\frac{1}{3}(2x+y+2)-1=0.$$

3° Les coordonnées de $\overrightarrow{MM'}$ sont

$$(x'-x,\ y'-y) = \left(\frac{1}{3}(2x+y-1)-x,\ \frac{1}{3}(2x+y+2)-y\right)$$

$$= \left(-\frac{1}{3}x+\frac{1}{3}y-\frac{1}{3},\ \frac{2}{3}x-\frac{2}{3}y+\frac{2}{3}\right).$$

On a donc

$$\overrightarrow{MM'} = \left(-\frac{1}{3}x+\frac{1}{3}y-\frac{1}{3}\right)\vec{i} + \left(\frac{2}{3}x-\frac{2}{3}y+\frac{2}{3}\right)\vec{j}$$

$$= \left(-\frac{1}{3}x+\frac{1}{3}y-\frac{1}{3}\right)(\vec{i}-2\vec{j}).$$

Les vecteurs $\overrightarrow{MM'}$ et $\vec{v}=\vec{i}-2\vec{j}$ sont donc colinéaires.

4° L'application f est donc la projection sur D suivant toute droite Δ de vecteur directeur $\vec{v}=\vec{i}-2\vec{j}$ (fig. 1 p. 49).

⑬

1° Le vecteur $\vec{u}$ $(-3, 1)$ est un vecteur directeur de D.
Le vecteur $\vec{v}$ $(1, 2)$ est un vecteur directeur de Δ.

Comme $\begin{vmatrix} -3 & 1 \\ 1 & 2 \end{vmatrix} = -7 \neq 0$, les droites D et Δ ne sont pas parallèles.

2° Soit $M'(x', y')$ l'image d'un point $M(x, y)$ par s et I le milieu de (M, M'). On doit avoir

$$\begin{cases} I \in D & (1) \\ \overrightarrow{MM'} \text{ et } \vec{v} \text{ colinéaires} & (2) \end{cases} \quad \text{(fig. 2 p. 49)}.$$

Comme I a pour coordonnées $\left(\dfrac{x+x'}{2}, \dfrac{y+y'}{2}\right)$, la condition (1)

équivaut à

$$\frac{x+x'}{2} + 3\left(\frac{y+y'}{2}\right) - 15 = 0,$$

$$x+x'+3(y+y')-30 = 0,$$

$$x'+3y'+x+3y-30 = 0.$$

Comme $\overrightarrow{MM'}$ a pour coordonnées $(x'-x,\ y'-y)$, la condition (2)
équivaut à

$$\begin{vmatrix} x'-x & y'-y \\ 1 & 2 \end{vmatrix} = 0,$$

c'est-à-dire à $2x' - 2x - y' + y = 0$,

$2x' - y' - 2x + y = 0$.

On doit donc résoudre le système suivant d'inconnues x' et y' :

$$\begin{cases} x' + 3y' + x + 3y - 30 = 0 & (3) \\ 2x' - y' - 2x + y = 0 & (4) \end{cases}$$

En multipliant chaque membre de (4) par 3 et en ajoutant à (3), on trouve

$7x' - 5x + 6y - 30 = 0$,

donc $\quad x' = \dfrac{1}{7}(5x - 6y + 30)$.

En multipliant chaque membre de (3) par -2 et en ajoutant à (4), on trouve

$-7y' - 4x - 5y + 60 = 0$,

donc $\quad y' = \dfrac{1}{7}(-4x - 5y + 60)$.

Conclusion

La symétrie s est définie analytiquement par

$$\begin{cases} x' = \dfrac{1}{7}(5x - 6y + 30), \\ y' = \dfrac{1}{7}(-4x - 5y + 60). \end{cases}$$

1° Un point $M(x, y)$ est invariant si et seulement si $x' = x$ et $y' = y$, c'est-à-dire

$$\begin{cases} x = \dfrac{1}{3}(-x - 4y + 8), \\ y = \dfrac{1}{3}(-2x + y + 4). \end{cases}$$

Ce système équivaut successivement à

$$\begin{cases} 3x = -x - 4y + 8, \\ 3y = -2x + y + 4, \end{cases} \qquad \begin{cases} 4x + 4y - 8 = 0, \\ 2x + 2y - 4 = 0, \end{cases}$$

$$\begin{cases} 4(x + y - 2) = 0, \\ 2(x + y - 2) = 0, \end{cases} \qquad \text{donc à} \quad x + y - 2 = 0.$$

L'ensemble D des points invariants est donc la droite d'équation $x + y - 2 = 0$.

2°

> Pour les calculs, laisser $\dfrac{1}{3}$ en facteur.
>
> Par exemple
>
> $$\frac{1}{3}(-x - 4y + 8) + x = \frac{1}{3}(-x - 4y + 8 + 3x)$$
>
> $$= \frac{1}{3}(2x - 4y + 8).$$

Les coordonnées du point I sont

$$x_I = \frac{1}{2}(x' + x) = \frac{1}{2}\left[\frac{1}{3}(-x - 4y + 8) + x\right]$$

$$= \frac{1}{2}\left[\frac{1}{3}(-x - 4y + 8 + 3x)\right]$$

$$= \frac{1}{6}(2x - 4y + 8).$$

$$y_I = \frac{1}{2}(y' + y) = \frac{1}{2}\left[\frac{1}{3}(-2x + y + 4) + y\right]$$

$$= \frac{1}{2}\left[\frac{1}{3}(-2x + y + 4 + 3y)\right]$$

$$= \frac{1}{6}(-2x + 4y + 4).$$

Vérifions que $I \in D$, c'est-à-dire que $x_I + y_I - 2 = 0$.

On a

$$x_I + y_I - 2 = \frac{1}{6}(2x - 4y + 8) + \frac{1}{6}(-2x + 4y + 4) - 2 = 0.$$

3° On a
$$\overrightarrow{MM'} = (x' - x)\vec{i} + (y' - y)\vec{j}$$

$$= \left[\frac{1}{3}(-x - 4y + 8) - x\right]\vec{i} + \left[\frac{1}{3}(-2x + y + 4) - y\right]\vec{j}$$

$$= \frac{1}{3}(-4x - 4y + 8)\vec{i} + \frac{1}{3}(-2x - 2y + 4)\vec{j}$$

$$= \frac{1}{3}(-2x - 2y + 4)(2\vec{i} + \vec{j}).$$

Les vecteurs $\overrightarrow{MM}\,'$ et $\vec{v} = 2\vec{i} + \vec{j}$ sont colinéaires.

4° L'application f est donc la symétrie par rapport à D suivant toute droite Δ de vecteur directeur

$$\vec{v} = 2\vec{i} + \vec{j} \quad \text{(fig. 2 p. 49)}.$$

Il y a plusieurs façons de procéder. Voici deux méthodes possibles.

Première méthode

On démontre que les angles du triangle MNP sont égaux à 60°. On utilise les propriétés suivantes :
si r est une rotation d'angle α et si $A' = r(A)$ et $B' = r(B)$, alors
$A'B' = AB$ et $(\widehat{\overrightarrow{AB}, \overrightarrow{A'B}\,'}) = \alpha$.

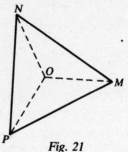

On a $N = r(M)$ et $P = r(N)$.

Donc $NP = MN$ et $(\widehat{\overrightarrow{MN}, \overrightarrow{NP}}) = \dfrac{2\pi}{3}$ rad.

Le triangle MNP est isocèle (fig. 21).

Fig. 21

Démontrons que $\widehat{MNP} = 60°$.

Si $(\widehat{\overrightarrow{NP}, \overrightarrow{NM}}) = x$ rad avec $x \in [-\pi, \pi]$, alors
$\widehat{MNP} = \widehat{PNM} = |x|$ rad.

On a $(\widehat{\overrightarrow{NP}, \overrightarrow{NM}}) = (\widehat{\overrightarrow{NP}, \overrightarrow{MN}}) + (\widehat{\overrightarrow{MN}, \overrightarrow{NM}})$

$$= -(\widehat{\overrightarrow{MN}, \overrightarrow{NP}}) + \pi \text{ rad}$$

$$= -\frac{2\pi}{3} \text{ rad} + \pi \text{ rad}$$

$$= \frac{\pi}{3} \text{ rad} = 60°.$$

On a donc bien $\widehat{MNP} = \widehat{PNM} = 60°$.

Dans le triangle MNP, on a $MN = NP$, donc $\widehat{M} = \widehat{P}$.

Comme $\widehat{M} + \widehat{N} + \widehat{P} = 180°$, on en déduit que

$\widehat{M} + \widehat{P} = 180° - \widehat{N} = 120°$, donc que $\widehat{M} = \widehat{P} = 60°$.

Conclusion : $\widehat{M} = \widehat{N} = \widehat{P} = 60°$ et le triangle MNP est équilatéral.

Deuxième méthode

On démontre que les côtés du triangle MNP sont égaux en remarquant que $M = r(P)$.

On a $N = r(M)$, donc $ON = OM$ et $(\widehat{\overrightarrow{OM}, \overrightarrow{ON}}) = \dfrac{2\pi}{3}$ rad.

On a $P = r(N)$, donc $OP = ON$ et $(\widehat{\overrightarrow{ON}, \overrightarrow{OP}}) = \dfrac{2\pi}{3}$ rad.

On en déduit d'une part que

$OP = OM$.   (1)

D'autre part $(\widehat{\overrightarrow{OP}, \overrightarrow{OM}}) = (\widehat{\overrightarrow{OP}, \overrightarrow{ON}}) + (\widehat{\overrightarrow{ON}, \overrightarrow{OM}})$

$$= -\frac{2\pi}{3} \text{ rad} - \frac{2\pi}{3} \text{ rad}$$

$$= -\frac{4\pi}{3} \text{ rad}.$$

Mais l'angle $-\dfrac{4\pi}{3}$ rad est le même que l'angle

$$\left(-\frac{4\pi}{3} + 2\pi\right) \text{rad} = \left(\frac{-4\pi + 6\pi}{3}\right) \text{rad} = \frac{2\pi}{3} \text{ rad}.$$

Donc $(\widehat{\overrightarrow{OP}, \overrightarrow{OM}}) = \dfrac{2\pi}{3}$ rad.   (2)

Les relations (1) et (2) établissent que $M = r(P)$.
On peut alors écrire

$PM = r(N)\,r(P) = NP$.

Comme $NP = r(M)\,r(N) = MN$, on a bien $PM = NP = MN$.
Le triangle MNP est équilatéral.

⑯

1° Soit M un point. Considérons le schéma $M \overset{s_D}{\longmapsto} N \overset{s_{D'}}{\longmapsto} P$,
$\underbrace{}_{s_{D'} \circ s_D}$

c'est-à-dire posons $N = s_D(M)$ et $P = s_{D'}(N)$.
Notons I et J les milieux respectifs de $[MN]$ et $[NP]$ (fig. 22).

Démontrons que $\overrightarrow{MP}$ est un vecteur constant, c'est-à-dire indépendant de M.

On a $\overrightarrow{MN} = 2\overrightarrow{MI} = 2\overrightarrow{IN}$, car I est le milieu de $[MN]$.
On a $\overrightarrow{NP} = 2\overrightarrow{NJ} = 2\overrightarrow{JP}$, car J est le milieu de $[NP]$.
Donc $\overrightarrow{MP} = \overrightarrow{MN} + \overrightarrow{NP} = 2\overrightarrow{IN} + 2\overrightarrow{NJ} = 2(\overrightarrow{IN} + \overrightarrow{NJ}) = 2\overrightarrow{IJ}$.

Or le vecteur $\overrightarrow{IJ}$ est constant.

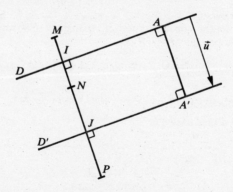

Fig. 22

En effet, soit A un point de D et A' sa projection orthogonale sur D'. Le quadrilatère $IAA'J$ est un rectangle donc $\overrightarrow{IJ} = \overrightarrow{AA'}$ (fig. 22). Posons $\overrightarrow{AA'} = \vec{u}$. On a $\overrightarrow{MP} = 2\vec{u}$. Ceci prouve que $s_{D'} \circ s_D$ est la translation de vecteur $2\vec{u}$.

Ce vecteur est bien orthogonal à D et D'.

Remarque

Si $D = D'$, on a $\vec{u} = \vec{0}$ et $s_{D'} \circ s_D = s_D \circ s_D = t_{\vec{0}}$ (application identique).

2° Supposons que $t_{\vec{v}} = s_{D'} \circ s_D$.

En reprenant les notations et les résultats du 1°, on a $s_{D'} \circ s_D = t_{2\vec{u}}$.

On doit donc avoir $t_{\vec{v}} = t_{2\vec{u}}$, soit $\vec{v} = 2\vec{u}$ ou $\vec{u} = \dfrac{1}{2} \vec{v}$.

La droite D' doit être l'image de D dans la translation de vecteur $\vec{u} = \dfrac{1}{2} \vec{v}$ (fig. 22). Cette droite répond à la question car on a $s_{D'} \circ s_D = t_{2\vec{u}} = t_{\vec{v}}$.

1° ● *Recherche des applications f telles que*

$f(A) = A$ et $f(B) = B$

(les points A et B sont invariants) :

— Si f est une symétrie orthogonale, c'est la symétrie par rapport à la droite (AB).

— Si f est une rotation, c'est l'identité car elle admet deux points invariants.

● *Recherche des applications f telles que* $f(A) = B$ et $f(B) = A$:

— Si f est une symétrie orthogonale, c'est la symétrie par rapport à la médiatrice de (AB).

— Si f est une rotation de centre O et d'angle α, on doit avoir

$$(\widehat{\overrightarrow{AB}, \overrightarrow{f(A)f(B)}}) = \alpha,$$

c'est-à-dire $(\widehat{\overrightarrow{AB}, \overrightarrow{BA}}) = \alpha$ donc $\alpha = \pi$ rad.

Le point O doit être équidistant de A et B et il doit vérifier

$(\overrightarrow{OA}, \overrightarrow{OB}) = \pi$ rad   et $(\overrightarrow{OB}, \overrightarrow{OA}) = \pi$ rad.

Donc O est le milieu de (AB). La rotation de centre O et d'angle π rad répond à la question.

Conclusion
L'ensemble $\mathcal{E}$ a quatre éléments :
— l'application identité (notée id);
— la symétrie orthogonale par rapport à la droite (AB) (notée s_Δ);
— la symétrie orthogonale par rapport à la médiatrice Δ' de (AB) (notée $s_{\Delta'}$);
— la rotation de centre O, milieu de (A, B), et d'angle π rad (notée r).

D'où $\mathcal{E} = \{\mathrm{id}, s_\Delta, s_{\Delta'}, 2\}$ (fig. 23).

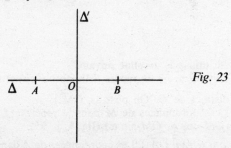

Fig. 23

2° Calculons $f \circ g$ pour tous les éléments f et g de $\mathcal{E}$.
— Si f ou g est l'identité, le résultat est évident.
— On a $s_\Delta \circ s_\Delta = \mathrm{id}$, $s_{\Delta'} \circ s_{\Delta'} = \mathrm{id}$, $r \circ r = \mathrm{id}$.
— Calcul de $s_{\Delta'} \circ s_\Delta$ et de $s_\Delta \circ s_{\Delta'}$.
Soient $\vec{u}$ et $\vec{u}'$ des vecteurs directeurs de Δ et Δ'.

L'application $s_{\Delta'} \circ s_\Delta$ est une rotation de centre O et d'angle $2(\widehat{\vec{u}, \vec{u}'})$.

Or $(\widehat{\vec{u}, \vec{u}'}) = \dfrac{\pi}{2}$ rad ou $(\widehat{\vec{u}, \vec{u}'}) = -\dfrac{\pi}{2}$ rad, donc

$2(\widehat{\vec{u}, \vec{u}'}) = \pi$ rad   ou $2(\widehat{\vec{u}, \vec{u}'}) = (-\pi)$ rad.

Mais π rad $= (-\pi)$ rad. L'application $s_{\Delta'} \circ s_\Delta$ est donc la rotation de centre O et d'angle π rad, c'est-à-dire que $s_{\Delta'} \circ s_\Delta = r$.
On démontre de même que $s_\Delta \circ s_{\Delta'} = r$.

— *Autres calculs*
On utilise les égalités $r = s_{\Delta'} \circ s_\Delta$ et $r = s_\Delta \circ s_{\Delta'}$.

$s_{\Delta'} \circ r = s_{\Delta'} \circ (s_{\Delta'} \circ s_\Delta) = (s_{\Delta'} \circ s_{\Delta'}) \circ s_\Delta = s_\Delta.$
De même $r \circ s_{\Delta'} = (s_\Delta \circ s_{\Delta'}) \circ s_{\Delta'} = s_\Delta.$
$s_\Delta \circ r = s_\Delta \circ (s_\Delta \circ s_{\Delta'}) = s_{\Delta'}.$
$r \circ s_\Delta = (s_{\Delta'} \circ s_\Delta) \circ s_\Delta = s_{\Delta'}.$

Conclusion

Le calcul de $f \circ g$ est donné dans le tableau suivant

g \ f	id	s_Δ	$s_{\Delta'}$	r
id	id	s_Δ	$s_{\Delta'}$	r
s_Δ	s_Δ	id	r	$s_{\Delta'}$
$s_{\Delta'}$	$s_{\Delta'}$	r	id	s_Δ
r	r	$s_{\Delta'}$	s_Δ	id

⑱

1°

On utilise le résultat suivant.

Soit $(O, \vec{i}, \vec{j})$ un repère orthonormé direct et soit M un point distinct de O. On pose $(\widehat{\vec{i}, \overrightarrow{OM}}) = \alpha$.

Les coordonnées de M dans le repère $(O, \vec{i}, \vec{j})$ sont $(OM \cos \alpha, OM \sin \alpha)$ (fig. 4, p. 95).

a) Posons $\alpha = (\widehat{\vec{i}, \overrightarrow{OA}})$. Les coordonnées de A dans le repère $(O, \vec{i}, \vec{j})$ sont $(OA \cos \alpha, OA \sin \alpha)$.

On a donc $OA \cos \alpha = 3$ et $OA \sin \alpha = 1$.

On peut écrire $(\widehat{\vec{i}, \overrightarrow{OB}}) = (\widehat{\vec{i}, \overrightarrow{OA}}) + (\widehat{\overrightarrow{OA}, \overrightarrow{OB}}) = \alpha + \dfrac{\pi}{2}$.

Par conséquent, les coordonnées de B dans le repère $(O, \vec{i}, \vec{j})$ sont

$$\left(OB \cos \left(\alpha + \frac{\pi}{2} \right), OB \sin \left(\alpha + \frac{\pi}{2} \right) \right).$$

Or $OB = OA$, car B est l'image de A dans une rotation de centre O.

Donc $OB \cos \left(\alpha + \dfrac{\pi}{2} \right) = -OA \sin \alpha = -1$

$$OB \sin \left(\alpha + \frac{\pi}{2} \right) = OA \cos \alpha = 3.$$

Conclusion

Dans le repère $(O, \vec{i}, \vec{j})$, on a $B(-1, 3)$ (fig. 24).

b)

On utilise le résultat de la page 95 (fig. 5). Les coordonnées de A' dans le repère $(O, \overrightarrow{OA}, \overrightarrow{OB})$ sont $\cos \dfrac{\pi}{6}$ et $\sin \dfrac{\pi}{6}$.

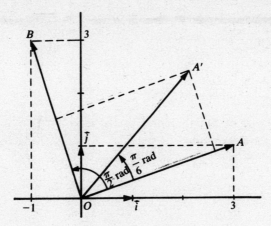

Fig. 24

On a $\overrightarrow{OA}' = \cos\dfrac{\pi}{6}\,\overrightarrow{OA} + \sin\dfrac{\pi}{6}\,\overrightarrow{OB} = \dfrac{\sqrt3}{2}\,\overrightarrow{OA} + \dfrac{1}{2}\,\overrightarrow{OB}.$ (1)

c) Dans le repère $(O, \vec{\imath}, \vec{\jmath})$, on a $A(3, 1)$ et $B(-1, 3)$ d'après le 1° *a*). Cela signifie que

$$\overrightarrow{OA} = 3\vec{\imath} + \vec{\jmath} \quad \text{et} \quad \overrightarrow{OB} = -\vec{\imath} + 3\vec{\jmath}.$$

La relation (1) donne alors

$$\overrightarrow{OA}' = \dfrac{\sqrt3}{2}(3\vec{\imath} + \vec{\jmath}) + \dfrac{1}{2}(-\vec{\imath} + 3\vec{\jmath}),$$

$$\overrightarrow{OA}' = \dfrac{3\sqrt3 - 1}{2}\,\vec{\imath} + \dfrac{\sqrt3 + 3}{2}\,\vec{\jmath}.$$

Cela signifie que les coordonnées de A' dans le repère $(O, \vec{\imath}, \vec{\jmath})$ sont $\dfrac{3\sqrt3 - 1}{2}$ et $\dfrac{\sqrt3 + 3}{2}$.

Remarque

On a $\dfrac{3\sqrt3 - 1}{2} \approx 2{,}1$ et $\dfrac{\sqrt3 + 3}{2} \approx 2{,}4$, ce qui correspond à la figure 24.

2° Premier cas

Si $M = O$, alors $M' = O$. Donc si $x = y = 0$, alors $x' = y' = 0$.

Deuxième cas

Si $M \neq O$, on procède comme au 1°.

Posons $\alpha = (\widehat{\vec{\imath}, \overrightarrow{OM}})$. Les coordonnées de M dans le repère $(O, \vec{\imath}, \vec{\jmath})$ sont $x = OM \cos\alpha$ et $y = OM \sin\alpha$.

Soit P l'image de M par la rotation de centre O et d'angle $\dfrac{\pi}{2}$ rad.

On a $(\widehat{\vec{\imath}, \overrightarrow{OP}}) = (\widehat{\vec{\imath}, \overrightarrow{OM}}) + (\widehat{\overrightarrow{OM}, \overrightarrow{OP}}) = \alpha + \dfrac{\pi}{2}$ et $OP = OM$.

Par conséquent, les coordonnées de P dans le repère $(O, \vec{i}, \vec{j})$ sont

$$OP \cos \left(\alpha + \frac{\pi}{2}\right) = -OM \sin \alpha = -y$$

et

$$OP \sin \left(\alpha + \frac{\pi}{2}\right) = OM \cos \alpha = x.$$

On a donc

$$\overrightarrow{OM} = x\vec{i} + y\vec{j} \text{ et } \overrightarrow{OP} = -y\vec{i} + x\vec{j} \quad \text{(fig. 25)}.$$

On sait par ailleurs que

$$\overrightarrow{OM}' = \cos \frac{\pi}{6} \, \overrightarrow{OM} + \sin \frac{\pi}{6} \, \overrightarrow{OP} = \frac{\sqrt{3}}{2} \, \overrightarrow{OM} + \frac{1}{2} \, \overrightarrow{OP}.$$

Donc $\overrightarrow{OM}' = \dfrac{\sqrt{3}}{2} \left(x\vec{i} + y\vec{j}\right) + \dfrac{1}{2} \left(-y\vec{i} + x\vec{j}\right)$,

$$= \frac{\sqrt{3}}{2} \, x\vec{i} + \frac{\sqrt{3}}{2} \, y\vec{j} - \frac{1}{2} \, y\vec{i} + \frac{1}{2} \, x\vec{j},$$

$$= \frac{\sqrt{3}x - y}{2} \, \vec{i} + \frac{x + \sqrt{3}y}{2} \, \vec{j}.$$

Conclusion

Dans le repère $(O, \vec{i}, \vec{j})$, le point M' a pour coordonnées

$$x' = \frac{\sqrt{3}x - y}{2} \quad \text{et} \quad y' = \frac{x + \sqrt{3}y}{2}.$$

Ces formules sont aussi valables pour $x = y = 0$ car elles donnent bien $x' = y' = 0$.

Remarque

Pour le point A, on a $x = 3$ et $y = 1$.

Les formules ci-dessus redonnent les coordonnées de A' :

$$x' = \frac{3\sqrt{3} - 1}{2} \quad \text{et} \quad y' = \frac{3 + \sqrt{3}}{2}.$$

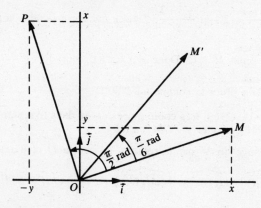

Fig. 25

Lire le conseil de l'exercice 8

a) **Analyse du problème**
On trace un triangle rectangle isocèle *ABC* avec $\widehat{A} = 90°$, une droite $\mathcal{D}$ passant par *B* et un cercle $\mathcal{C}$ passant par *C* (fig. 26).

On a $AB = AC$ et $\widehat{BAC} = 90°$, donc le point *C* est l'image du point *B* par l'une des rotations suivantes :
— la rotation r_1 de centre *A* et d'angle $+90°$ (cas de la figure 26);
— la rotation r_2 de centre *A* et d'angle $-90°$.

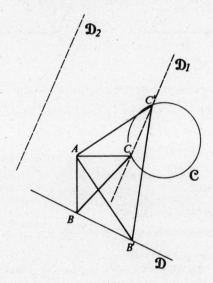

Fig. 26

Soient $\mathcal{D}_1$ et $\mathcal{D}_2$ les images respectives de $\mathcal{D}$ par les rotations r_1 et r_2. Le point *C* doit appartenir à $\mathcal{D}_1$ ou $\mathcal{D}_2$ et à $\mathcal{C}$.

b) **Synthèse**
— On construit la droite $\mathcal{D}_1$, image de $\mathcal{D}$ par la rotation r_1 de centre *A* et d'angle $+90°$.
Pour tout point *C* de $\mathcal{D}_1 \cap \mathcal{C}$, soit *B* le point tel que $r_1(B) = C$.
Le triangle *ABC* répond à la question.
Si $\mathcal{D}_1 \cap \mathcal{C} = \varnothing$, il n'y a pas de solution.
Si $\mathcal{D}_1$ est tangente à $\mathcal{C}$, il y a une solution.
Si $\mathcal{D}_1$ et $\mathcal{C}$ sont sécants, il y a deux solutions.
— On construit la droite $\mathcal{D}_2$, image de $\mathcal{D}$ par la rotation r_2 de centre *A* et d'angle $-90°$.
La discussion est la même que précédemment.
Sur la figure 26, on a $\mathcal{D}_1 \cap \mathcal{C} = \{C, C'\}$ et $\mathcal{D}_2 \cap \mathcal{C} = \varnothing$.

Remarque
On a $\mathcal{D}_1 /\!/ \mathcal{D}_2$.

1° Posons $\alpha = (\widehat{\overrightarrow{AC'}, \overrightarrow{AB}})$. Il y a deux possibilités : soit $\alpha = +60°$ (fig. 27), soit $\alpha = -60°$ (fig. 28).

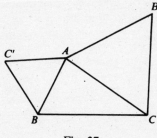

Fig. 27

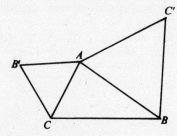

Fig. 28

On considère la rotation r de centre A et d'angle α.

Comme $AC' = AB$ et $(\widehat{\overrightarrow{AC'}, \overrightarrow{AB}}) = \alpha$, on a $r(C') = B$.

Comme $AC = AB'$ et $(\widehat{\overrightarrow{AC}, \overrightarrow{AB'}}) = \alpha$, on a $r(C) = B'$.

Donc $C'C = BB'$ et $(\widehat{\overrightarrow{C'C}, \overrightarrow{BB'}}) = \alpha$.

2° Posons $\beta = (\widehat{\overrightarrow{CA}, \overrightarrow{CB'}})$ et $\gamma = (\widehat{\overrightarrow{BA}, \overrightarrow{BC'}})$.

Il y a deux possibilités :

soit $\beta = -60°$ et $\gamma = +60°$ (fig. 27);

soit $\beta = +60°$ et $\gamma = -60°$ (fig. 28).

a) Soit r' la rotation de centre C et d'angle β. Comme $CA = CB'$ et $(\widehat{\overrightarrow{CA}, \overrightarrow{CB'}}) = \beta$, on a $r'(A) = B'$.

L'ensemble des points B' est donc la droite Δ' image de Δ par r'.

b) Soit r'' la rotation de centre B et d'angle γ. Comme $BA = BC'$ et $(\widehat{\overrightarrow{BA}, \overrightarrow{BC'}}) = \gamma$, on a $r''(A) = C'$.

L'ensemble des points C' est donc la droite Δ'' image de Δ par r''.

Soit O le centre d'un carré $ABCD$.

Les rotations de centre O et d'angle $\left(k\dfrac{\pi}{2}\right)$ rad avec $k \in \mathbb{Z}$ laissent les sommets A, B, C, D globalement invariants car les diagonales d'un carré sont orthogonales, ont même longueur et se coupent en leur milieu.

1° On considère la rotation r de centre O qui transforme C en B $\left(\text{son angle est } \dfrac{\pi}{2} \text{ rad ou } -\dfrac{\pi}{2} \text{ rad suivant la figure}\right)$.

On a $r(C) = B$, $r(B) = A$ (et aussi $r(A) = D$ et $r(D) = C$). L'image du segment $[BC]$ par r est le segment $[AB]$.
Comme $BN = AM$, on a $r(N) = M$ (fig. 29).

   Pour y voir clair, présenter ainsi par exemple

$$r\downarrow \begin{matrix} A & B & C & D & N \\ D & A & B & C & M \end{matrix}$$

On a donc $(AN) \perp (DM)$ et $(DN) \perp (CM)$.

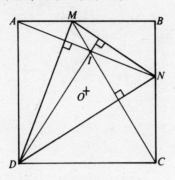

Fig. 29

2° Dans le triangle DMN, le point I est le point d'intersection des hauteurs issues de M et N (d'après le 1°). C'est donc l'orthocentre de ce triangle. Il appartient à la hauteur issue de D c'est-à-dire que les droites (DI) et (MN) sont orthogonales.

㉒

On considère que la rivière est une droite $\mathcal{D}$.
On construit, comme l'indique l'énoncé, le point B' symétrique de B par rapport à $\mathcal{D}$. Soit M un point de $\mathcal{D}$ (fig. 30).
On a $MB = MB'$, donc

$$AM + MB = AM + MB'.$$

Or le trajet $AM + MB'$ est minimum lorsque les points A, M, B' sont alignés.

Conclusion
Soit I le point d'intersection des droites $\mathcal{D}$ et (AB'). Le trajet AIB est de longueur minimale (fig. 30).

Remarques
Si $\mathcal{D}$ est un miroir, un rayon lumineux allant de A vers B (ou de B vers A) passe par I.
Si $\mathcal{D}$ est le côté d'un billard, I est le point qu'il faut viser pour envoyer une boule de A en B (ou de B en A).

La droite passant par I et orthogonale à $\mathcal{D}$ est axe de symétrie pour les droites (IA) et (IB).

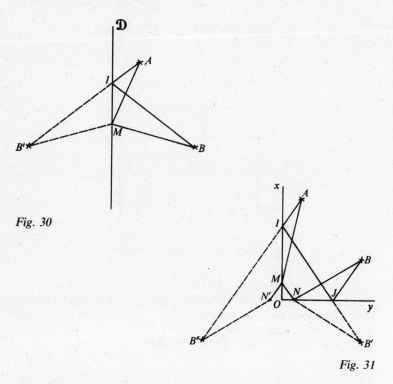

Fig. 30

Fig. 31

2° Soit B' le symétrique de B par rapport à Oy et B'' le symétrique de B' par rapport à Ox (fig. 31).
Soit N' le symétrique de N par rapport à Ox.
On a $NB = NB' = N'B''$ et $MN = MN'$.
Donc $AM + MN + NB = AM + MN' + N'B''$.
Le trajet $AMNB$ est donc minimum lorsque les points A, M, N', B'' sont alignés.

Conclusion
Soit I le point d'intersection de (AB'') et Ox, J le point d'intersection de (IB') et Oy. Le trajet $AIJB$ est minimum (fig. 31).

Remarques
Si Ox et Oy représentent les bandes d'un billard, le trajet $AIJB$ est celui d'une boule qui va de A en B (ou de B en A).
Le fait que $\widehat{xOy}$ soit égale à 90° n'intervient pas dans la démonstration (mais il facilite la figure).

CHAPITRE 3

Trigonométrie
Fonctions
circulaires

Ce qu'il faut savoir

I — ANGLE ORIENTÉ DE DEUX VECTEURS NON NULS

1° Angle de deux vecteurs unitaires

On utilise le cercle trigonométrique. (On rappelle que son rayon vaut 1 et que le sens trigonométrique est le sens inverse des aiguilles d'une montre.)

Soit $\vec{u}$ et $\vec{v}$ des vecteurs unitaires. On pose $\vec{u} = \overrightarrow{OA}$ et $\vec{v} = \overrightarrow{OM}$. Soit x une graduation en radians du cercle trigonométrique correspondant au point M (fig. 5, page 95).

On dit que $(\widehat{\overrightarrow{OA}, \overrightarrow{OM}})$ a pour mesure en radians x.

On écrit $(\widehat{\overrightarrow{OA}, \overrightarrow{OM}}) = x$ rad.

Remarque
On peut aussi utiliser les mesures en degrés ou en grades.

2° Angle de deux vecteurs non nuls

Soient $\vec{u}$ et $\vec{v}$ des vecteurs non nuls.
On peut se ramener au cas précédent en posant

$$(\widehat{\vec{u}, \vec{v}}) = \left(\widehat{\frac{1}{\|\vec{u}\|} \vec{u}, \frac{1}{\|\vec{v}\|} \vec{v}} \right) \quad \text{(fig. 1)}.$$

En effet, les vecteurs $\dfrac{1}{\|\vec{u}\|} \vec{u}$ et $\dfrac{1}{\|\vec{v}\|} \vec{v}$ sont unitaires.

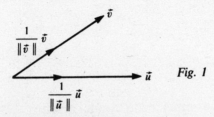

Fig. 1

3° Base directe ou indirecte

Soit $(\vec{i}, \vec{j})$ une base orthonormé du plan.

Si $(\widehat{\vec{i}, \vec{j}}) = \dfrac{\pi}{2}$ rad, on dit que $(\vec{i}, \vec{j})$ est une base orthonormée directe (fig. 2).

Si $(\widehat{\vec{i}, \vec{j}}) = -\dfrac{\pi}{2}$ rad, on dit que $(\vec{i}, \vec{j})$ est une base orthonormée indirecte (fig. 3).

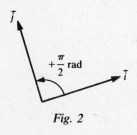

Fig. 2

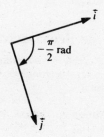

Fig. 3

4° Somme de deux angles

Définition

Soient α et β des angles de vecteurs

> Si $\alpha = x$ rad et $\beta = y$ rad, alors $\alpha + \beta = (x + y)$ rad et $-\alpha = (-x)$ rad.

Ces définitions sont indépendantes des mesures en radians x et y choisies respectivement pour α et β.

Propriétés

Pour tous vecteurs $\vec{u}$, $\vec{v}$ et $\vec{w}$ non nuls, on a

> $(\widehat{\vec{u}, \vec{v}}) + (\widehat{\vec{v}, \vec{w}}) = (\widehat{\vec{u}, \vec{w}})$
> $(\widehat{\vec{v}, \vec{u}}) = -(\widehat{\vec{u}, \vec{v}})$

5° Cosinus et sinus d'un angle orienté

Soient $\vec{u}$ et $\vec{v}$ des vecteurs non nuls et soit x une mesure en radians de $(\widehat{\vec{u}, \vec{v}})$. Par définition $\cos(\widehat{\vec{u}, \vec{v}}) = \cos x$ et $\sin(\widehat{\vec{u}, \vec{v}}) = \sin x$.

(Les définitions de $\cos x$ et $\sin x$ sont rappelées au II, 1°, p. 95.)

Théorème

Soit $(O, \vec{i}, \vec{j})$ un repère orthonormé direct et soit P un point distinct de O. Posons $\alpha = (\widehat{\vec{i}, \overrightarrow{OP}})$.

Les coordonnées de P dans le repère $(O, \vec{i}, \vec{j})$ sont $OP \cos \alpha$ et $OP \sin \alpha$ (fig. 4).

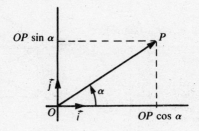

Fig. 4

II — TRIGONOMÉTRIE

1° Le cercle trigonométrique (rappels de seconde)

Dans le plan muni d'un repère orthonormé direct $(O, \vec{i}, \vec{j})$, le cercle trigonométrique est le cercle (C) de centre O et de rayon 1 (fig. 5).

Soit M un point de (C) et x une mesure en radians de $(\widehat{\overrightarrow{OA}, \overrightarrow{OM}})$.

Les coordonnées de M dans le repère $(O, \vec{i}, \vec{j})$ sont par définition $\cos x$ et $\sin x$.

$$\cos x = \overline{OH}.$$
$$\sin x = \overline{OK}.$$
$$\tan x = \frac{\sin x}{\cos x} = \overline{AP}$$

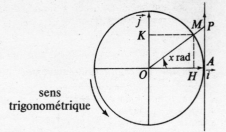

sens
trigonométrique

(L'axe des tangentes est muni du repère $(A, \vec{j})$.)   *Fig. 5*

2° Propriétés (rappels de seconde)

● Soient x et y deux réels quelconques.

Le système $\begin{cases} \cos x = \cos y \\ \sin x = \sin y \end{cases}$ équivaut à

$\exists k \in \mathbb{Z}, \quad x = y + 2k\pi.$

• Pour tout réel x, on a
$$-1 \leq \cos x \leq 1, \quad -1 \leq \sin x \leq 1 \text{ et}$$

$$\cos^2 x + \sin^2 x = 1 \quad (F_1)$$

• Pour tout réel x, on a (fig. 6)

$$\cos(-x) = \cos x \quad (F_2)$$
$$\sin(-x) = -\sin x \quad (F_3)$$
$$\cos(\pi + x) = -\cos x \quad (F_4)$$
$$\sin(\pi + x) = -\sin x \quad (F_5)$$
$$\cos(\pi - x) = -\cos x \quad (F_6)$$
$$\sin(\pi - x) = \sin x \quad (F_7)$$

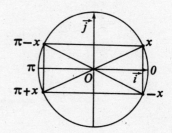

Fig. 6

• Pour tout réel x, on a (fig. 7)

$$\cos\left(\frac{\pi}{2} - x\right) = \sin x \quad (F_8)$$

$$\sin\left(\frac{\pi}{2} - x\right) = \cos x \quad (F_9)$$

$$\cos\left(\frac{\pi}{2} + x\right) = -\sin x \quad (F_{10})$$

$$\sin\left(\frac{\pi}{2} + x\right) = \cos x \quad (F_{11})$$

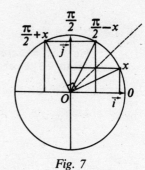

Fig. 7

• Lorsque les expressions suivantes sont définies, on a (fig. 8)

$$\tan(-x) = -\tan x \quad (F_{12})$$
$$\tan(\pi + x) = \tan x \quad (F_{13})$$
$$\tan(\pi - x) = -\tan x \quad (F_{14})$$

et aussi

$$\tan\left(\frac{\pi}{2} - x\right) = \frac{1}{\tan x} \quad (F_{15})$$

$$\tan\left(\frac{\pi}{2} + x\right) = -\frac{1}{\tan x} \quad (F_{16})$$

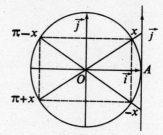

Fig. 8

L'axe des tangentes est muni du repère $(A, \vec{j})$.

Valeurs remarquables :

x	0	$\dfrac{\pi}{6}$	$\dfrac{\pi}{4}$	$\dfrac{\pi}{3}$	$\dfrac{\pi}{2}$
$\cos x$	1	$\dfrac{\sqrt{3}}{2}$	$\dfrac{\sqrt{2}}{2}$	$\dfrac{1}{2}$	0
$\sin x$	0	$\dfrac{1}{2}$	$\dfrac{\sqrt{2}}{2}$	$\dfrac{\sqrt{3}}{2}$	1
$\tan x$	0	$\dfrac{1}{\sqrt{3}}$	1	$\sqrt{3}$	non définie

3° Formules d'addition

Soient a et b des réels

$$\cos(a+b) = \cos a \cos b - \sin a \sin b \qquad (F_{17})$$
$$\sin(a+b) = \sin a \cos b + \cos a \sin b \qquad (F_{18})$$
$$\tan(a+b) = \frac{\tan a + \tan b}{1 - \tan a \tan b} \qquad (F_{19})$$

En remplaçant b par $-b$ dans les formules précédentes, on obtient

$$\cos(a-b) = \cos a \cos b + \sin a \sin b \qquad (F_{20})$$
$$\sin(a-b) = \sin a \cos b - \cos a \sin b \qquad (F_{21})$$
$$\tan(a-b) = \frac{\tan a - \tan b}{1 + \tan a \tan b} \qquad (F_{22})$$

4° Formules de multiplication par deux

Soit a un réel

$$\cos 2a = \cos^2 a - \sin^2 a = 2\cos^2 a - 1 = 1 - 2\sin^2 a \qquad (F_{23})$$
$$\sin 2a = 2 \sin a \cos a \qquad (F_{24})$$
$$\tan 2a = \frac{2 \tan a}{1 - \tan^2 a} \qquad (F_{25})$$

Remarque
La première relation peut aussi s'écrire

$$\cos^2 a = \frac{1}{2}(1 + \cos 2a) \quad (F_{26})$$ ou $$\sin^2 a = \frac{1}{2}(1 - \cos 2a) \quad (F_{27})$$

5° Équations fondamentales

$$\cos x = \cos a \iff \begin{cases} \exists k \in \mathbb{Z},\ x = a + 2k\pi \\ \text{ou} \\ \exists k \in \mathbb{Z},\ x = -a + 2k\pi \end{cases}$$

$$\sin x = \sin a \iff \begin{cases} \exists k \in \mathbb{Z},\ x = a + 2k\pi \\ \text{ou} \\ \exists k \in \mathbb{Z},\ x = \pi - a + 2k\pi \end{cases}$$

$$\tan x = \tan a \iff \exists k \in \mathbb{Z},\ x = a + k\pi$$

Pour mémoriser ces résultats, il faut considérer les points M et N du cercle trigonométrique tels que

$$(\widehat{\vec{i}, \overrightarrow{OM}}) = x \text{ rad} \quad \text{et} \quad (\widehat{\vec{i}, \overrightarrow{ON}}) = a \text{ rad}.$$

On a les équivalences suivantes :

$\cos x = \cos a \iff M = N$ ou M et N sont symétriques par rapport à l'axe des abscisses (fig. 9).

$\sin x = \sin a \iff M = N$ ou M et N sont symétriques par rapport à l'axe des ordonnées (fig. 10).

$\tan x = \tan a \iff M = N$ ou M et N sont diamétralement opposés (fig. 11).

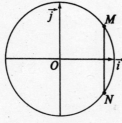

Fig. 9

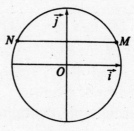

Fig. 10

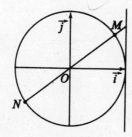

Fig. 11

III — FONCTIONS CIRCULAIRES

1° Fonction $f : x \longmapsto \sin x$

- f est définie sur $\mathbb{R}$; f est impaire et de période 2π.
- f est dérivable sur $\mathbb{R}$ et

$$(\sin x)' = \cos x.$$

- Courbe représentative : voir la figure 12.

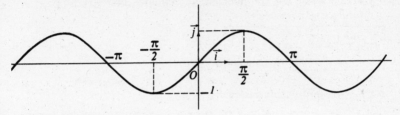

Fig. 12

- Une limite importante :
$$\lim_{x \to 0} \frac{\sin x}{x} = 1$$

2° Fonction $f : x \longmapsto \cos x$

- f est définie sur $\mathbb{R}$; f est paire et de période 2π.
- f est dérivable sur $\mathbb{R}$ et

$$(\cos x)' = -\sin x$$

- Courbe représentative : voir la figure 13.

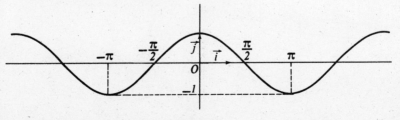

Fig. 13

Remarque

Les courbes représentatives des fonctions

$x \longmapsto \sin x$ et $x \longmapsto \cos x$

se déduisent l'une de l'autre par translation. On les appelle des sinusoïdes.

3° Fonction $f : x \longmapsto \tan x$ (programme de terminale)

- f est définie sur $\mathbb{R} - \left\{\dfrac{\pi}{2} + k\pi \,\middle|\, k \in \mathbb{Z}\right\}$; f est impaire et de période π.

- f est dérivable sur son domaine de définition et

$$(\tan x)' = \frac{1}{\cos^2 x} = 1 + \tan^2 x$$

- Courbe représentative : voir la figure 14.

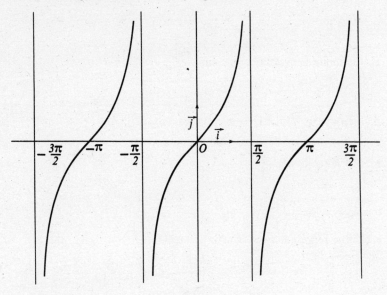

Fig. 14

Exercices

Exercices 1 à 3. Angles orientés de vecteurs

(1) Soient $\vec{u}$ et $\vec{v}$ des vecteurs non nuls.

On pose $\alpha = (\widehat{\vec{u}, \vec{v}})$. On note p l'angle plat (ses mesures en radians sont $\pi + 2k\pi$, avec $k \in \mathbb{Z}$).

Exprimer en fonction de α et de p les angles suivants :

1° $(\widehat{\vec{u}, -\vec{v}})$ et $(\widehat{-\vec{u}, -\vec{v}})$.

2° $(\widehat{\vec{v}, \vec{u}})$ et $(\widehat{-\vec{v}, \vec{u}})$.

3° $(\widehat{a\vec{u}, b\vec{v}})$, où a et b sont des réels non nuls.

(2) Soit α un angle orienté de vecteurs. L'angle $\alpha + \alpha$ est noté 2α, l'angle $\alpha + \alpha + \alpha$ est noté 3α, etc.

1° Démontrer qu'il existe deux angles orientés α tels que

$$2\alpha = \frac{\pi}{2} \text{ rad.}$$

2° Démontrer qu'il existe trois angles orientés α tels que

$$3\alpha = \frac{\pi}{2} \text{ rad.}$$

(3) *Coordonnées polaires sur la calculatrice* (touche $\boxed{\text{P} \rightleftarrows \text{R}}$)

Soit $(O, \vec{i}, \vec{j})$ un repère orthonormé direct.

1° Un point A vérifie $OA = 3$ et $(\widehat{\vec{i}, \overrightarrow{OA}}) = 152°$.

a) Construire le point A.

b) Calculer ses coordonnées dans le repère $(O, \vec{i}, \vec{j})$ à 10^{-1} près.

2° On considère le point $B(1, -3)$. On pose $(\widehat{\vec{i}, \overrightarrow{OB}}) = \alpha$.

a) Calculer OB, $\cos \alpha$ et $\sin \alpha$.

b) Donner une valeur approchée de α à $1°$ près.

3° On considère le point $M(x, y)$ avec $(x, y) \neq (0, 0)$.

On pose $\rho = OM$ et $\theta = (\widehat{\vec{i}, \overrightarrow{OM}})$.

Calculer ρ, $\cos \theta$ et $\sin \theta$ en fonction de x et y.

Exercices 4 à 13. Trigonométrie

(4) Démontrer les identités suivantes.

1° $(\sin x + \cos x)^2 = 1 + 2 \sin x$.

2° $\cos(x + y)\cos(x - y) = \cos^2 x - \sin^2 y = \cos^2 y - \sin^2 x$.

3° $1 + \tan x \tan 2x = \dfrac{1}{\cos 2x}$.

(5) 1° Vérifier que $\dfrac{\pi}{12} = \dfrac{\pi}{3} - \dfrac{\pi}{4}$.

2° En déduire les valeurs de

$\cos\dfrac{\pi}{12}$, $\sin\dfrac{\pi}{12}$ et $\tan\dfrac{\pi}{12}$.

(6) 1° A l'aide des formules

$\forall x \in \mathbb{R}, \quad \cos^2 x = \dfrac{1}{2}(1 + \cos 2x) \quad \text{et} \quad \sin^2 x = \dfrac{1}{2}(1 - \cos 2x),$

calculer les valeurs exactes de $\cos\dfrac{\pi}{8}$, $\sin\dfrac{\pi}{8}$.

2° Démontrer que

$\tan\dfrac{\pi}{8} = \sqrt{2} - 1$.

3° Vérifier les résultats obtenus à la calculatrice.

(7) Résoudre les équations suivantes dans $\mathbb{R}$ et représenter les solutions sur le cercle trigonométrique.

1° $\cos x = \cos\left(\dfrac{\pi}{3} - x\right)$.

2° $\sin x = \sin 2x$.

3° $\tan 2x = \tan\left(x - \dfrac{\pi}{5}\right)$.

(8) Même exercice que l'exercice 7 pour

1° $2\sin 2x + \sqrt{3} = 0$.

2° $\cos x = \sin 2x$.

3° $\tan x . \tan 2x = 1$.

9 *Usage des touches* $\boxed{\sin^{-1}}$, $\boxed{\cos^{-1}}$, $\boxed{\tan^{-1}}$ *de la calculatrice.*
(Sur certains modèles, ces fonctions s'obtiennent respectivement par les touches $\boxed{\text{Inv}}$ $\boxed{\sin}$, $\boxed{\text{Inv}}$ $\boxed{\cos}$, $\boxed{\text{Inv}}$ $\boxed{\tan}$.)

1° On considère les fonctions f, g et h définies respectivement par

$$\forall x \in \left[-\frac{\pi}{2}, \frac{\pi}{2} \right], \quad f(x) = \sin x;$$

$$\forall x \in [0, \pi], \qquad g(x) = \cos x;$$

$$\forall x \in \left] -\frac{\pi}{2}, \frac{\pi}{2} \right[, \quad h(x) = \tan x.$$

Démontrer que f, g et h sont des bijections de leur domaine de définition dans des intervalles que l'on précisera.

2° Les fonctions f^{-1}, g^{-1} et h^{-1} correspondent respectivement aux touches $\boxed{\sin^{-1}}$, $\boxed{\cos^{-1}}$, $\boxed{\tan^{-1}}$ de la calculatrice en mode radians.
On les appelle fonctions « Arcsinus », « Arccosinus » et « Arctangente »; on écrit

$f^{-1}(x) = \text{Arcsin } x$, $\quad g^{-1}(x) = \text{Arccos } x$ $\quad$ et $\quad h^{-1}(x) = \text{Arctan } x$.

A l'aide d'une calculatrice, donner une valeur approchée des solutions des équations suivantes :

a) $\sin x = 0{,}3$ $\quad$ et $\quad x \in \left[-\frac{\pi}{2}, \frac{\pi}{2} \right].$

b) $\sin x = 0{,}3$ $\quad$ et $\quad x \in \mathbb{R}.$

c) $\cos x = -0{,}256$ $\quad$ et $\quad x \in \mathbb{R}.$

d) $\tan x = 3{,}1$ $\quad$ et $\quad x \in \mathbb{R}.$

e) $\sin(x^0) = 0{,}394$ $\quad$ et $\quad x \in [0, 90].$

f) $\sin(x^0) = 0{,}394$ $\quad$ et $\quad x \in [90, 180].$

g) $\cos(x^0) = -0{,}512$ $\quad$ et $\quad x \in [0, 180].$

10 1° Résoudre dans $\mathbb{R}^2$ le système
$$\begin{cases} X + 2Y = 1 \\ X^2 + Y^2 = 1. \end{cases}$$

2° Résoudre dans $\mathbb{R}$ l'équation

$$\cos x + 2 \sin x = 1$$

et représenter ses solutions sur le cercle trigonométrique.

Indication : on pourra utiliser la relation

$$\cos^2 x + \sin^2 x = 1.$$

(11) Résoudre dans $\mathbb{R}$ les équations suivantes :
1° $2 \cos^2 x - \cos x - 1 = 0$.
2° $\sin^2 x - 3 \sin x - 4 = 0$.
3° $\tan^2 x - 3 \tan x - 4 = 0$.

(12) Résoudre dans $\mathbb{R}$ les inéquations suivantes :
1° $\sin x > \dfrac{1}{2}$.
2° $\sqrt{2} \cos x + 1 \leqslant 0$.
3° $-1 \leqslant \tan x \leqslant 1$.
On pourra s'aider du cercle trigonométrique.

(13) Résoudre dans E les inéquations suivantes :
1° $4 \sin^2 x - 1 \leqslant 0$ et $E = [-\pi, \pi]$.
2° $3 \cos^2 x + 5 \cos x - 2 > 0$ et $E = [-\pi, \pi[$.

Exercices 14 et 15. Dérivées de fonctions trigonométriques

(14) Calculer les dérivées des fonctions suivantes :
1° $f(x) = \sin x \cos x$.
2° $f(x) = \cotan x \left(= \dfrac{\cos x}{\sin x} \right)$.
3° $f(x) = \sin^3 x$.

(15) 1° Soient a un réel non nul et b un réel quelconque.
Calculer les dérivées des fonctions suivantes.
a) $f : x \longmapsto \sin(ax + b)$.
b) $f : x \longmapsto \cos(ax + b)$.
2° En déduire les dérivées des fonctions suivantes :
a) $\forall x \in \mathbb{R}, f(x) = \sin 3x - 2 \cos 4x$.
b) $\forall t \in \mathbb{R}, f(t) = \sin\left(2t + \dfrac{\pi}{3}\right) + 3 \cos\left(\dfrac{1}{2} t + \dfrac{\pi}{4}\right)$.

Exercices 16 à 19. Études de fonctions trigonométriques

(16) Soit f la fonction définie par

$$f(x) = \sin\left(2x - \frac{\pi}{3}\right).$$

On note (C) sa courbe représentative dans un repère $(O, \vec{i}, \vec{j})$.

1° Donner la période de f. Calculer sa dérivée.

2° On pose

$$X = 2x - \frac{\pi}{3}.$$

Calculer les valeurs de x correspondant à

$$X = 0, \quad X = \frac{\pi}{2}, \quad X = \frac{3\pi}{2}, \quad X = 2\pi.$$

En déduire les variations de f sur $\left[\dfrac{\pi}{6}, \dfrac{7\pi}{6}\right]$.

3° Représenter (C).

4° On considère le point $I\left(\dfrac{\pi}{6}, 0\right)$. Écrire une équation de (C)

a) dans le repère $(I, \vec{i}, \vec{j})$;

b) dans le repère $\left(I, \dfrac{1}{2}\vec{i}, \vec{j}\right)$.

(17) Soit f la fonction définie par

$$f(x) = \cos^2 x - \cos x - 1.$$

1° Étudier les variations de f.

2° Calculer $f\left(\dfrac{\pi}{2}\right)$ et $f\left(\dfrac{2\pi}{3}\right)$. Tracer la courbe (C) représentative de f dans un repère orthogonal $(O, \vec{i}, \vec{j})$.

3° Résoudre dans $[0, \pi]$ l'équation $f(x) = 0$.

(18) Soit f la fonction définie par

$$f(x) = \sin 2x + 2 \sin x.$$

1° Étudier les variations de f.

2° Soit (C) la courbe représentative de f dans un repère orthonormé $(O, \vec{i}, \vec{j})$.

a) Donner une équation de la tangente Δ à (C) en O.

b) Représenter Δ et (C).

3° Soit h un réel. Calculer $f(\pi + h)$ et $f(\pi - h)$. Que peut-on en déduire pour (C)?

(19) Soit f la fonction définie par $f(x) = x + \sin x$.
On note (C) sa courbe représentative dans un repère orthonormé $(O, \vec{i}, \vec{j})$.

1° Étudier les variations de f sur l'intervalle $[0, 2\pi]$. Tracer la partie de (C) correspondante.

2° Démontrer que $\quad \forall x \in \mathbb{R}, \quad f(x + 2\pi) = f(x) + 2\pi$.
Quelle propriété géométrique peut-on en déduire pour (C)? Représenter (C).

3° On pose $\quad \vec{I} = \vec{i} + \vec{j}$ et $\vec{J} = \vec{j}$.

a) Soit M un point de coordonnées (x, y) et (X, Y) dans les repères respectifs $(O, \vec{i}, \vec{j})$ et $(O, \vec{I}, \vec{J})$.
Trouver les relation entre x, y, X et Y.

b) Donner une équation de (C) dans le repère $(O, \vec{I}, \vec{J})$.

Corrigés

1

On utilise les propriétés suivantes.

● Soient $\vec{u}$, $\vec{v}$, $\vec{w}$ des vecteurs non nuls

$(\widehat{\vec{u}, \vec{v}}) + (\widehat{\vec{v}, \vec{w}}) = (\widehat{\vec{u}, \vec{w}})$

$(\widehat{\vec{v}, \vec{u}}) = -(\widehat{\vec{u}, \vec{v}})$.

● Notons $\widehat{0}$ l'angle nul, de mesures en radians $2k\pi$ $(k \in \mathbb{Z})$. On a $2p = \widehat{0}$, car $2p$ a pour mesure en radians 2π. Ceci peut aussi s'écrire $p = -p$.

● Soit $\vec{u}$ un vecteur non nul. On a $(\widehat{\vec{u}, -\vec{u}}) = p$.

1° On peut écrire

$(\widehat{\vec{u}, -\vec{v}}) = (\widehat{\vec{u}, \vec{v}}) + (\widehat{v, -\vec{v}}) = \alpha + p$.

$(\widehat{-\vec{u}, -\vec{v}}) = (\widehat{-\vec{u}, \vec{u}}) + (\widehat{\vec{u}, \vec{v}}) + (\widehat{\vec{v}, -\vec{v}}) = p + \alpha + p = 2p + \alpha = \alpha$.

2° On peut écrire

$(\widehat{\vec{v}, \vec{u}}) = -(\widehat{\vec{u}, \vec{v}}) = -\alpha$.

$(\widehat{-\vec{v}, \vec{u}}) = (\widehat{-\vec{v}, \vec{v}}) + (\widehat{\vec{v}, \vec{u}}) = p - \alpha$.

3° On peut écrire

$(\widehat{a\vec{u}, b\vec{v}}) = (\widehat{a\vec{u}, \vec{u}}) + (\widehat{\vec{u}, \vec{v}}) + (\widehat{\vec{v}, b\vec{v}})$,

$(\widehat{a\vec{u}, b\vec{v}}) = (\widehat{a\vec{u}, \vec{u}}) + \alpha + (\widehat{\vec{v}, b\vec{v}})$.   (1)

Si $a > 0$, les vecteurs $a\vec{u}$ et $\vec{u}$ sont colinéaires et de même sens, donc $(\widehat{a\vec{u}, \vec{u}}) = \vec{0}$ (fig. 15).

Si $a < 0$, les vecteurs $a\vec{u}$ et $\vec{u}$ sont colinéaires et de sens contraire, donc $(\widehat{a\vec{u}, \vec{u}}) = p$ (fig. 16).

Fig. 15

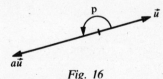

Fig. 16

De même, $(\widehat{\vec{v}, b\vec{v}}) = \vec{0}$ si $b > 0$

$(\widehat{\vec{v}, b\vec{v}}) = p$ si $b < 0$.

Par conséquent, la relation (1) donne 4 cas :

— si $a > 0$ et $b > 0$, $(\widehat{a\vec{u}, b\vec{v}}) = \widehat{0} + \alpha + \widehat{0} = \alpha$;

— si $a > 0$ et $b < 0$, $(\widehat{a\vec{u}, b\vec{v}}) = \widehat{0} + \alpha + p = \alpha + p$;

— si $a<0$ et $b>0$, $(\widehat{a\vec{u},\ b\vec{v}})=p+\alpha+\widehat{0}=\alpha+p$;
— si $a<0$ et $b<0$, $(\widehat{a\vec{u},\ b\vec{v}})=p+\alpha+p=\alpha+2p=\alpha$.

Conclusion
Si a et b sont de même signe, $(\widehat{a\vec{u},\ b\vec{v}})=\alpha$.
Si a et b sont de signes contraires, $(\widehat{a\vec{u},\ b\vec{v}})=\alpha+p$.

Remarque
Le résultat précédent permet de retrouver directement les résultats du 1°.

Soient θ_1 et θ_2 des angles orientés de mesures en radians x_1 et x_2 respectivement. On utilise l'équivalence

$$\theta_1=\theta_2 \iff \exists k\in\mathbb{Z},\quad x_1=x_2+2k\pi.$$

1° Soit x une mesure en radian de α.
Le réel $2x$ est une mesure en radians de 2α.

L'égalité $2\alpha=\dfrac{\pi}{2}$ rad équivaut donc à

$$2x=\frac{\pi}{2}+2k\pi,$$

$$x=\frac{\pi}{4}+k\pi \quad (k\in\mathbb{Z}).$$

Sur le cercle trigonométrique, on obtient deux points diamétralement opposés (fig. 17). En effet :

$k=0$ donne $x=\dfrac{\pi}{4}$ (point A_0)

$k=1$ donne $x=\dfrac{\pi}{4}+\pi$ (point A_1)

$k=2$ donne $x=\dfrac{\pi}{4}+2\pi$ (point A_0)

$k=3$ donne $x=\dfrac{\pi}{4}+3\pi$ (point A_1), etc.

De même

$k=-1$ donne $x=\dfrac{\pi}{6}-\pi$ (point A_1)

$k=-2$ donne $x=\dfrac{\pi}{6}-2\pi$ (point A_0), etc.

Conclusion

L'équation $2\alpha = \dfrac{\pi}{2}$ rad admet deux angles solutions $\alpha = \dfrac{\pi}{4}$ rad

(point A_0) et $\alpha = \left(\dfrac{\pi}{4} + \pi\right)$ rad $= \dfrac{5\pi}{4}$ rad (point A_1).

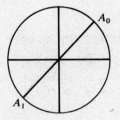

Fig. 17

2° On procède comme au 1°.
Soit x une mesure en radians de α.

L'égalité $3\alpha = \dfrac{\pi}{2}$ rad équivaut à

$$3x = \dfrac{\pi}{2} + 2k\pi,$$

$$x = \dfrac{\pi}{6} + \dfrac{2k\pi}{3} \quad (k \in \mathbb{Z}).$$

Sur le cercle trigonométrique, on obtient trois points formant un triangle équilatéral (fig. 18). En effet,

$k = 0$ donne $x = \dfrac{\pi}{6}$ (point B_0)

$k = 1$ donne $x = \dfrac{\pi}{6} + \dfrac{2\pi}{3} = \dfrac{5\pi}{6}$ (point B_1)

$k = 2$ donne $x = \dfrac{\pi}{6} + \dfrac{4\pi}{3} = \dfrac{9\pi}{6} = \dfrac{3\pi}{2}$ (point B_2)

$k = 3$ donne $x = \dfrac{\pi}{6} + 2\pi$ (on retrouve B_0), etc.

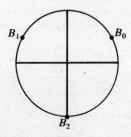

Fig. 18

Remarque : soient $x_0 \in \mathbb{R}$ et $n \in \mathbb{N}^*$. Pour représenter sur le cercle trigonométrique les réels $x = x_0 + \dfrac{2k\pi}{n}$ $(k \in \mathbb{Z})$, lire la remarque p. 116.

③

1° *a*) $OA = 3$ donc A appartient au cercle (C) de centre O et de rayon 3.
De plus $(\widehat{\vec{i}, \overrightarrow{OA}}) = 152°$, donc A appartient à la demi-droite (D) faisant un angle de 152° avec la demi-droite de repère $(O, \vec{i})$. Le point A est donc l'intersection de (C) et (D) (fig. 19).

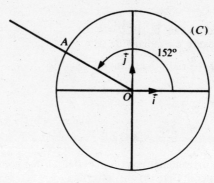

Fig. 19

b)

Dans un repère orthonormé direct $(O, \vec{i}, \vec{j})$, soit A un point tel que $OA = \rho$ et $(\widehat{\vec{i}, \overrightarrow{OA}}) = \alpha$.
Les coordonnées de A sont $(\rho \cos \alpha, \rho \sin \alpha)$.

Le point A a pour coordonnées
$3 \cos 152° \approx -2,6$ et $3 \sin 152° \approx 1,4$.

2° *a*) On a $\overrightarrow{OB}$ $(1, -3)$, donc $OB = \|\overrightarrow{OB}\| = \sqrt{1^2 + (-3)^2} = \sqrt{10}$.
On utilise alors le résultat rappelé au 1° *b*).
On a $OB \cos \alpha = 1$ et $OB \sin \alpha = -3$.

D'où $\cos \alpha = \dfrac{1}{\sqrt{10}}$ et $\sin \alpha = -\dfrac{3}{\sqrt{10}}$.

b) La touche $\boxed{\cos^{-1}}$ d'une calculatrice indique qu'un angle de 72° (environ) a pour cosinus $\dfrac{1}{\sqrt{10}}$.

Les deux angles dont le cosinus est $\dfrac{1}{\sqrt{10}}$ sont donc 72° et −72° (environ).

Comme sin $\alpha < 0$, on a $\alpha \approx -72°$ (fig. 20).

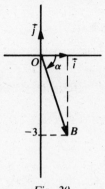

Fig. 20

3° On procède comme au 2° a).

On a $\overrightarrow{OM}$ (x, y), donc $\rho = OM = \sqrt{x^2 + y^2}$.

On a $\rho \cos \theta = x$ et $\rho \sin \theta = y$. Comme $(x, y) \neq (0, 0)$, on a $\rho \neq 0$.

D'où $\cos \theta = \dfrac{x}{\rho} = \dfrac{x}{\sqrt{x^2 + y^2}}$ et $\sin \theta = \dfrac{y}{\rho} = \dfrac{y}{\sqrt{x^2 + y^2}}$.

Remarque

On dit que (x, y) sont les coordonnées cartésiennes ou rectangulaires de M et que (ρ, θ) sont des coordonnées polaires de M. Sur certaines calculatrices, la touche $\boxed{P \rightleftarrows R}$ permet de passer de (ρ, θ) à (x, y) et inversement.

Exercices 4 à 13

● Une formule de la forme $A = B$, où A et B sont deux expressions, peut s'utiliser de deux façons : pour mettre l'expression A sous la forme B, ou pour mettre l'expression B sous la forme A.

Les 27 formules des rappels de cours (§ II) offrent donc 54 possibilités de transformations.

Il faut par conséquent :
— savoir chacune de ces formules,
— pouvoir choisir, suivant le problème considéré, la formule utile.

Ce maniement n'est pas immédiat. Il s'acquiert avec la pratique...

• Les numéros F_1, F_2, ..., F_{27} renvoient aux formules correspondantes des rappels de cours.

④

1° En développant, on obtient :

$(\sin x + \cos x)^2 = \sin^2 x + 2 \sin x \cos x + \cos^2 x$

$(\sin x + \cos x)^2 = (\sin^2 x + \cos^2 x) + 2 \sin x \cos x$

$(\sin x + \cos x)^2 = 1 + \sin 2x$ (formules F_1 et F_{24}).

2° On utilise les formules F_{17} et F_{20}.
On obtient

$\cos(x + y)\cos(x - y)$
$$= (\cos x \cos y - \sin x \sin y)(\cos x \cos y + \sin x \sin y)$$
$\cos(x + y)\cos(x - y) = \cos^2 x \cos^2 y - \sin^2 x \sin^2 y.$ (1)

 — La relation $\cos^2 x + \sin^2 x = 1$ permet d'exprimer $\cos^2 x$ en fonction de $\sin^2 x$ (ou inversement).
— Les calculs sont guidés par la forme du résultat demandé.

• L'égalité (1) peut s'écrire :

$\cos(x + y)\cos(x - y) = \cos^2 x(1 - \sin^2 y) - (1 - \cos^2 x)\sin^2 y$

$\cos(x + y)\cos(x - y) = \cos^2 x - \cos^2 x \sin^2 y - \sin^2 y + \cos^2 x \sin^2 y$

$\cos(x + y)\cos(x - y) = \cos^2 x - \sin^2 y.$

• On a aussi : $\cos^2 x - \sin^2 y = (1 - \sin^2 x) - (1 - \cos^2 y)$
$$\cos^2 x - \sin^2 y = 1 - \sin^2 x - 1 + \cos^2 y$$
$$\cos^2 x - \sin^2 y = \cos^2 y - \sin^2 x.$$

Conclusion :   on a bien

$\cos(x + y)\cos(x - y) = \cos^2 x - \sin^2 y = \cos^2 y - \sin^2 x.$

3° On a

$1 + \tan x . \tan 2x = 1 + \dfrac{\sin x}{\cos x} \dfrac{\sin 2x}{\cos 2x}$

$1 + \tan x . \tan 2x = \dfrac{\cos x \cos 2x + \sin x \sin 2x}{\cos x . \cos 2x}$

$1 + \tan x . \tan 2x = \dfrac{\cos(2x - x)}{\cos x . \cos 2x}$ (formule F_{20}).

Donc $1 + \tan x . \tan 2x = \dfrac{\cos x}{\cos x . \cos 2x} = \dfrac{1}{\cos 2x}.$

⑤

1° On a $\dfrac{\pi}{3} - \dfrac{\pi}{4} = \dfrac{4\pi}{12} - \dfrac{3\pi}{12} = \dfrac{\pi}{12}$.

2° ● On peut écrire

$$\cos \frac{\pi}{12} = \cos \left(\frac{\pi}{3} - \frac{\pi}{4} \right).$$

On utilise alors F_{20}.

$$\cos \left(\frac{\pi}{3} - \frac{\pi}{4} \right) = \cos \frac{\pi}{3} \cos \frac{\pi}{4} + \sin \frac{\pi}{3} \sin \frac{\pi}{4}$$

$$= \frac{1}{2} \cdot \frac{\sqrt{2}}{2} + \frac{\sqrt{3}}{2} \cdot \frac{\sqrt{2}}{2},$$

donc $\cos \dfrac{\pi}{12} = \dfrac{\sqrt{2} + \sqrt{6}}{4}$.

● On peut écrire

$$\sin \frac{\pi}{2} = \sin \left(\frac{\pi}{3} - \frac{\pi}{4} \right).$$

On utilise alors F_{21}.

$$\sin \left(\frac{\pi}{3} - \frac{\pi}{4} \right) = \sin \frac{\pi}{3} \cos \frac{\pi}{4} - \cos \frac{\pi}{3} \sin \frac{\pi}{4}$$

$$= \frac{\sqrt{3}}{2} \cdot \frac{\sqrt{2}}{2} - \frac{1}{2} \cdot \frac{\sqrt{2}}{2};$$

donc $\cos \dfrac{\pi}{12} = \dfrac{\sqrt{6} - \sqrt{2}}{4}$.

● *Première méthode :*

$$\tan \frac{\pi}{12} = \frac{\sin \dfrac{\pi}{12}}{\cos \dfrac{\pi}{12}} = \frac{\dfrac{\sqrt{6} - \sqrt{2}}{4}}{\dfrac{\sqrt{6} + \sqrt{2}}{4}} = \frac{\sqrt{6} - \sqrt{2}}{\sqrt{6} + \sqrt{2}}.$$

● *Seconde méthode :* on peut écrire

$$\tan \frac{\pi}{12} = \tan \left(\frac{\pi}{3} - \frac{\pi}{4} \right)$$

et on utilise F_{22}.

$$\tan \left(\frac{\pi}{3} - \frac{\pi}{4} \right) = \frac{\tan \dfrac{\pi}{3} - \tan \dfrac{\pi}{4}}{1 + \tan \dfrac{\pi}{3} \tan \dfrac{\pi}{4}} = \frac{\sqrt{3} - 1}{1 + \sqrt{3}},$$

d'où $\tan \dfrac{\pi}{12} = \dfrac{\sqrt{3}-1}{\sqrt{3}+1}$.

Remarque

Si on multiplie le numérateur et le dénominateur de ce résultat par $\sqrt{2}$, on retrouve la valeur $\dfrac{\sqrt{6}-\sqrt{2}}{\sqrt{6}+\sqrt{2}}$.

1° Remplaçons x par $\dfrac{\pi}{8}$ dans les formules indiquées par l'énoncé. On obtient

$$\cos^2 \frac{\pi}{8} = \frac{1}{2}\left(1+\cos\frac{\pi}{4}\right) = \frac{1}{2}\left(1+\frac{\sqrt{2}}{2}\right)$$
$$= \frac{1}{2} + \frac{\sqrt{2}}{4} = \frac{2+\sqrt{2}}{4}$$

et $\sin^2 \dfrac{\pi}{8} = \dfrac{1}{2}\left(1-\cos\dfrac{\pi}{4}\right) = \dfrac{\pi}{4} = \dfrac{1}{2}\left(1-\dfrac{\sqrt{2}}{2}\right) = \dfrac{1}{2} - \dfrac{\sqrt{2}}{4} = \dfrac{2-\sqrt{2}}{4}$.

Comme $\dfrac{\pi}{8} \in \left[0, \dfrac{\pi}{2}\right]$, le sinus et le cosinus de $\dfrac{\pi}{8}$ sont positifs. D'où

$$\begin{cases} \cos\dfrac{\pi}{8} = \sqrt{\dfrac{2+\sqrt{2}}{4}} = \dfrac{\sqrt{2+\sqrt{2}}}{2} \\ \sin\dfrac{\pi}{8} = \sqrt{\dfrac{2-\sqrt{2}}{4}} = \dfrac{\sqrt{2-\sqrt{2}}}{2}. \end{cases}$$

2° On a

$$\tan\frac{\pi}{8} = \frac{\sin\dfrac{\pi}{8}}{\cos\dfrac{\pi}{8}} = \frac{\sqrt{2-\sqrt{2}}}{2} \times \frac{2}{\sqrt{2+\sqrt{2}}} = \sqrt{\frac{2-\sqrt{2}}{2+\sqrt{2}}}.$$

Simplifions l'expression $\dfrac{2-\sqrt{2}}{2+\sqrt{2}}$.

On peut écrire

$$\frac{2-\sqrt{2}}{2+\sqrt{2}} = \frac{(2-\sqrt{2})(2-\sqrt{2})}{(2+\sqrt{2})(2-\sqrt{2})} = \frac{4-4\sqrt{2}+2}{4-2}$$
$$= \frac{6-4\sqrt{2}}{2} = 3-2\sqrt{2}.$$

On a donc

$$\tan\frac{\pi}{8} = \sqrt{\frac{2-\sqrt{2}}{2+\sqrt{2}}} = \sqrt{3-2\sqrt{2}}.$$

On vérifie que $\sqrt{3-2\sqrt{2}}=\sqrt{2}-1$.

Comme ces nombres sont positifs, cela revient à vérifier que leurs carrés sont égaux, c'est-à-dire que

$3-2\sqrt{2}=(\sqrt{2}-1)^2$

$3-2\sqrt{2}=2-2\sqrt{2}+1$

$3-2\sqrt{2}=3-2\sqrt{2}$ (ce qui est vrai).

On a donc bien

$\tan\dfrac{\pi}{8}=\sqrt{2}-1$.

3° A l'aide d'une calculatrice, on trouve (en mode radians)

$\cos\dfrac{\pi}{8}=0,923\,879\,5,\quad \sin\dfrac{\pi}{8}=0,382\,683\,4,\quad \tan\dfrac{\pi}{8}=0,414\,213\,6.$

Les calculs de $\dfrac{\sqrt{2+\sqrt{2}}}{2},\ \dfrac{\sqrt{2-\sqrt{2}}}{2}$ et $\sqrt{2}-1$ donnent respectivement les mêmes valeurs.

• Appliquer les résultats des rappels de cours (§ II, 5°).

• On note k un entier relatif quelconque.

1° L'équation $\cos x = \cos\left(\dfrac{\pi}{3}-x\right)$ équivaut à

$$\begin{cases} x=\dfrac{\pi}{3}-x+2k\pi & (1)\\ \text{ou}\\ x=-\dfrac{\pi}{3}+x+2k\pi. & (2) \end{cases}$$

L'équation (1) équivaut à

$2x=\dfrac{\pi}{3}+2k\pi,\quad$ donc à $\quad x=\dfrac{\pi}{6}+k\pi.$

L'équation (2) équivaut à

$0=-\dfrac{\pi}{3}+2k\pi.$

Elle n'a pas de solution.

En conclusion, $\quad \cos x = \cos\left(\dfrac{\pi}{3}-x\right)\ \Longleftrightarrow\ \exists k\in\mathbb{Z},\quad x=\dfrac{\pi}{6}+k\pi.$

Sur le cercle trigonométrique, on obtient deux points diamétralement opposés (fig. 21). En effet,

$k = 0$ donne $x = \dfrac{\pi}{6}$ (point A_0),

$k = 1$ donne $x = \dfrac{\pi}{6} + \pi$ (point A_1),

$k = 2$ donne $x = \dfrac{\pi}{6} + 2\pi$ (point A_0),

$k = 3$ donne $x = \dfrac{\pi}{6} + 3\pi$ (point A_1),

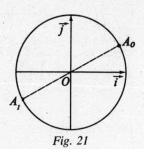

Fig. 21

etc.

De même

$k = -1$ donne $x = \dfrac{\pi}{6} - \pi$ (point A_1),

$k = -2$ donne $x = \dfrac{\pi}{6} - 2\pi$ (point A_0),

etc.

Remarque

D'une manière générale, soit x_0 un réel et n un entier non nul. La représentation sur le cercle trigonométrique des réels

$$x = x_0 + \frac{2k\pi}{n} \quad \text{(où } k \text{ est un entier relatif)}$$

comporte n points. En effet,

$k = 0$ donne $x = x_0$ (point A_0),

$k = 1$ donne $x = x_0 + \dfrac{2\pi}{n}$ (point A_1),

$k = 2$ donne $x = x_0 + \dfrac{4\pi}{n}$ (point A_2),

$\vdots$

$k = n - 1$ donne $x = x_0 + \dfrac{(n-1)2\pi}{n}$ (point A_2),

$k = n$ donne $x = x_0 + 2\pi$ (on retrouve le point A_0).

Les points A_0, A_1, A_2, ..., A_{n-1} forment un polygone régulier, car les angles $(\widehat{\overrightarrow{OA_0}, \overrightarrow{OA_1}})$, $(\widehat{\overrightarrow{OA_1}, \overrightarrow{OA_2}})$, etc. ont tous pour mesure $\dfrac{2\pi}{n}$ rad (fig. 22).

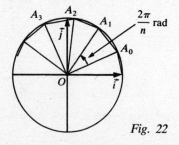

Fig. 22

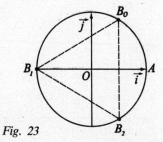

Fig. 23

2° L'équation $\sin x = \sin 2x$ équivaut successivement à

$$\begin{cases} x = 2x + 2k\pi \\ \quad \text{ou} \\ x = \pi - 2x + 2k\pi, \end{cases}$$

$$\begin{cases} -x = 2k\pi \\ \quad \text{ou} \\ 3x = \pi + 2k\pi, \end{cases}$$

$$\begin{cases} x = -2k\pi \quad (3) \\ \quad \text{ou} \\ x = \dfrac{\pi}{3} + \dfrac{2k\pi}{3}. \quad (4) \end{cases}$$

Sur le cercle trigonométrique, l'équation (3) donne un point A.
L'équation (4) donne trois points formant un triangle équilatéral. Ce sont

B_0 pour $k = 0$ $\left(x = \dfrac{\pi}{3} \right)$,

B_1 pour $k = 1$ $\left(x = \dfrac{\pi}{3} + \dfrac{2\pi}{3} = \pi \right)$,

B_2 pour $k = 2$ $\left(x = \dfrac{\pi}{3} + \dfrac{4\pi}{3} = \dfrac{5\pi}{3} \right)$ (fig. 23).

3° L'équation $\tan 2x = \tan\left(x - \dfrac{\pi}{5} \right)$ équivaut à

$$2x = x - \frac{\pi}{5} + k\pi, \quad \text{donc à} \quad x = -\frac{\pi}{5} + k\pi.$$

Les images de ces solutions sur le cercle sont deux points diamétralement opposés (fig. 24); les points

A_o pour $k = 0$ $\left(x = -\dfrac{\pi}{5} \right)$,

A_1 pour $k = 1$ $\left(x = -\dfrac{\pi}{5} + \pi = \dfrac{4\pi}{5} \right)$.

Remarque

$-\dfrac{\pi}{5}$ rad $= -36^\circ$.

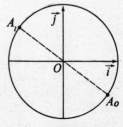

Fig. 24

• Mettre les équations proposées sous une des formes suivantes :

$$\sin x = \sin x_0, \quad \cos x = \cos x_0 \quad \text{ou} \quad \tan x = \tan x_0.$$

On peut alors appliquer les résultats des rappels de cours (§ II, 5°).

• Pour représenter les solutions sur le cercle trigonométrique, utiliser la remarque de l'exercice 7, 1°.

• k désigne un entier relatif quelconque.

1° L'équation proposée équivaut à $\sin 2x = -\dfrac{\sqrt{3}}{2}$.

On sait que $\sin\dfrac{\pi}{3} = \dfrac{\sqrt{3}}{2}$, donc $\sin\left(-\dfrac{\pi}{3}\right) = -\dfrac{\sqrt{3}}{2}$.

Par conséquent l'équation proposée équivaut à

$$\sin 2x = \sin\left(-\frac{\pi}{3}\right).$$

On en déduit que :

• soit $\quad 2x = -\dfrac{\pi}{3} + 2k\pi,$

$$x = -\frac{\pi}{6} + k\pi,$$

ce qui donne deux points, A_0 (pour $k = 0$) et A_1 (pour $k = 1$) sur le cercle trigonométrique (fig. 25);

• soit $\quad 2x = \pi - \left(-\dfrac{\pi}{3}\right) + 2k\pi$

$$2x = \frac{4\pi}{3} + 2k\pi$$

$$x = \frac{2\pi}{3} + k\pi,$$

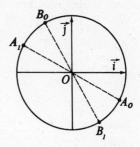

Fig. 25

ce qui donne deux autres points, B_0 (pour $k = 0$) et B_1 (pour $k = 1$) sur le cercle trigonométrique (fig. 25).

2° On cherche une formule transformant un sinus en un cosinus; par exemple,

$$\sin \alpha = \cos\left(\frac{\pi}{2} - \alpha\right).$$

L'équation proposée équivaut
alors successivement à

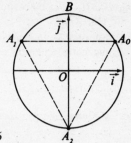

$$\cos x = \cos \left(\frac{\pi}{2} - 2x\right)$$

Fig. 26

$$\begin{cases} x = \dfrac{\pi}{2} - 2x + 2k\pi \\ \text{ou} \\ x = -\left(\dfrac{\pi}{2} - 2x\right) + 2k\pi \end{cases} \qquad \begin{cases} 3x = \dfrac{\pi}{2} + 2k\pi \\ \text{ou} \\ -x = -\dfrac{\pi}{2} + 2k\pi \end{cases}$$

$$\begin{cases} x = \dfrac{\pi}{6} + \dfrac{2k\pi}{3} \quad (1) \\ \text{ou} \\ x = \dfrac{\pi}{2} - 2k\pi \quad (2). \end{cases}$$

Sur le cercle trigonométrique, la relation (1) donne trois points, A_0, A_1, A_2 (correspondant respectivement aux valeurs $k = 0$, $k = 1$, $k = 2$). Ces trois points forment un triangle équilatéral. La relation (2) donne un point B (fig. 26).

3° • Domaine de définition de l'équation $\tan x \cdot \tan 2x = 1$.
Cette équation est définie pour

$$x \neq \frac{\pi}{2} + k\pi \quad \text{et} \quad 2x \neq \frac{\pi}{2} + k\pi,$$

c'est-à-dire pour

$$x \neq \frac{\pi}{2} + k\pi \quad \text{et} \quad x \neq \frac{\pi}{4} + \frac{k\pi}{2}.$$

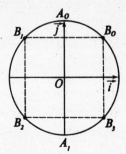

Fig. 27

Les images des valeurs à écarter représentent 6 points sur le cercle trigonométrique. En effet, $x = \dfrac{\pi}{2} + k\pi$ donne deux points, A_0 (pour $k = 0$) et A_1 (pour $k = 1$); la relation $x = \dfrac{\pi}{4} + k\dfrac{\pi}{2}$ donne quatre points,

B_0, B_1, B_2, B_3, correspondant respectivement à $k = 0$, $k = 1$, $k = 2$, $k = 3$ (fig. 27).

● Résolution de l'équation $\quad$ tan x . tan $2x = 1$.

Lorsque cette équation est définie, elle équivaut successivement à

$$\tan 2x = \frac{1}{\tan x}$$

$$\tan 2x = \tan\left(\frac{\pi}{2} - x\right) \quad \text{(on utilise } F_{15}\text{)}$$

$$2x = \frac{\pi}{2} - x + k\pi$$

$$3x = \frac{\pi}{2} + k\pi$$

$$x = \frac{\pi}{6} + \frac{k\pi}{3}.$$

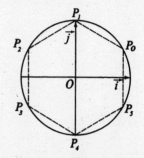

Fig. 28

Les images de ces solutions forment un hexagone régulier sur le cercle trigonométrique. Ce sont les points P_0, P_1, P_2, P_3, P_4, P_5 correspondant respectivement à $k = 0$, $k = 1$, $k = 2$, $k = 3$, $k = 4$, $k = 5$ (fig. 28).

On s'aperçoit que $P_1 = A_0$ et $P_4 = A_1$.

Seuls les réels ayant pour images P_0, P_2, P_3, P_5 sont solutions. Ils sont de la forme

$$x = \frac{\pi}{6} + k\pi \quad \text{(points } P_0 \text{ et } P_3\text{)},$$

$$\text{et} \quad x = \frac{5\pi}{6} + k\pi \quad \text{(points } P_2 \text{ et } P_5\text{)}.$$

Autre méthode : lorsqu'elle est définie, l'équation

tan x . tan $2x = 1$

équivaut successivement à

$$\frac{\sin x}{\cos x} \cdot \frac{\sin 2x}{\cos 2x} = 1$$

$$\sin x \cdot \sin 2x = \cos x \cdot \cos 2x$$

$$\cos x \cdot \cos 2x - \sin x \cdot \sin 2x = 0$$

$$\cos(2x + x) = 0$$

$$\cos 3x = 0$$

$$3x = \frac{\pi}{2} + k\pi$$

$$x = \frac{\pi}{6} + \frac{k\pi}{3}.$$

On retrouve les valeurs précédentes.

9

Pour les deux premières fonctions, utiliser le théorème des rappels de cours du tome Analyse, page 62.

Pour la troisième fonction, ce théorème ne s'applique pas car h n'est pas définie en $-\dfrac{\pi}{2}$ et $\dfrac{\pi}{2}$. On peut faire une démonstration graphique.

1° ● La fonction f est dérivable sur $\left[-\dfrac{\pi}{2}, \dfrac{\pi}{2}\right]$. Sa dérivée,

$f'(x) = \cos x,$

vérifie

$$\forall x \in \left]-\dfrac{\pi}{2}, \dfrac{\pi}{2}\right[, \quad f'(x) > 0.$$

Donc f est une bijection de $\left[-\dfrac{\pi}{2}, \dfrac{\pi}{2}\right]$ dans

$$\left[f\left(-\dfrac{\pi}{2}\right), f\left(\dfrac{\pi}{2}\right)\right] = [-1; 1].$$

● La fonction g est dérivable sur $[0, \pi]$. Sa dérivée, $g'(x) = -\sin x$, vérifie

$\forall x \in \,]0, \pi[, \quad g'(x) < 0.$

Donc g est une bijection de $[0, \pi]$ dans $\left[g(\pi), g(0)\right] = [-1; 1]$.

● Soit m un réel quelconque. On voit sur la figure 14 page 100 que l'équation $\tan x = m$ admet une seule solution dans $\left]-\dfrac{\pi}{2}, \dfrac{\pi}{2}\right[$. Tout réel m admet donc un seul antécédent pour h, ce qui démontre que h est une bijection de $\left]-\dfrac{\pi}{2}, \dfrac{\pi}{2}\right[$ dans $\mathbb{R}$.

2° Il faut avoir en tête le tableau suivant :

fonction	ensemble de définition	ensemble de valeurs
$\sin^{-1}$	$[-1, 1]$	$\left[-\dfrac{\pi}{2}, \dfrac{\pi}{2}\right]$
$\cos^{-1}$	$[-1, 1]$	$[0, \pi]$
$\tan^{-1}$	$\mathbb{R}$	$\left]-\dfrac{\pi}{2}, \dfrac{\pi}{2}\right[$

Ce tableau s'applique, bien sûr, pour les calculs en radians.

a) La touche $\boxed{\sin^{-1}}$ donne l'unique solution $x_0 \approx 0{,}304\,7$.

b) L'équation proposée équivaut à $\sin x = \sin x_0$. L'ensemble de ses solutions est donc

$$\{x_0 + 2k\pi \,|\, k \in \mathbb{Z}\} \cup \{\pi - x_0 + 2k\pi \,|\, k \in \mathbb{Z}\},$$

dans lequel x_0 désigne le réel obtenu au *a*).

c) La touche $\boxed{\cos^{-1}}$ donne une solution x_1 dans $[0, \pi]$. On a $x_1 \approx 1{,}829\,7$. L'équation $\cos x = -0{,}256$ équivaut donc à $\cos x = \cos x_1$. L'ensemble de ses solutions est

$$\{x_1 + 2k\pi \,|\, k \in \mathbb{Z}\} \cup \{-x_1 + 2k\pi \,|\, k \in \mathbb{Z}\}.$$

d) La touche $\boxed{\tan^{-1}}$ donne une solution x_2 dans $\left]-\dfrac{\pi}{2}, \dfrac{\pi}{2}\right[$. On a $x_2 \approx 1{,}258\,8$.
L'équation $\tan x = 3{,}1$ équivaut donc à $\tan x = \tan x_2$. L'ensemble de ses solutions est

$$\{x_2 + k\pi \,|\, k \in \mathbb{Z}\}.$$

e) On met la calculatrice en mode degrés. La touche $\boxed{\sin^{-1}}$ correspond alors à une fonction de $[-1; 1]$ dans $[-90; 90]$. Elle donne directement la solution x_4 de l'équation proposée : $x_4 \approx 23{,}2$.

f) L'ensemble des solutions dans $\mathbb{R}$ de l'équation $\sin(x^\circ) = 0{,}394$ est

$$\{x_4 + k \cdot 360 \,|\, k \in \mathbb{Z}\} \cup \{180 - x_4 + k \cdot 360 \,|\, k \in \mathbb{Z}\}.$$

Dans cet ensemble, il n'y a qu'un seul élément de $[90, 180]$, c'est le réel

$$x_5 = 180 - x_4 \approx 156{,}8.$$

g) En mode degrés, la touche $\boxed{\cos^{-1}}$ correspond à une fonction de $[-1; 1]$ dans $[0; 180]$. Elle donne directement la solution x_6 de l'équation proposée : $x_0 \approx 120{,}8$.

⑩

1° Le système $\begin{cases} X + 2Y = 1 \\ X^2 + Y^2 = 1 \end{cases}$ équivaut à $\begin{cases} X = 1 - 2Y, & (1) \\ (1 - 2Y)^2 + Y^2 = 1. & (2) \end{cases}$

L'équation (2) donne

$$1 - 4Y + 4Y^2 + Y^2 = 1$$

$$5Y^2 - 4Y = 0$$

$$Y(5Y - 4) = 0$$

$$Y = 0 \quad \text{ou} \quad Y = \frac{4}{5}.$$

Si $Y = 0$,   d'après (1) on a $X = 1$.

Si $Y = \dfrac{4}{5}$,   d'après (1) on a $X = -\dfrac{3}{5}$.

Finalement, il y a deux couples (X, Y) solutions : $(1 ; 0)$ et $\left(-\dfrac{3}{5}, \dfrac{4}{5}\right)$.

2° Suivons l'indication de l'énoncé. On doit résoudre le système

$\begin{cases} \cos x + 2 \sin x = 1, \\ \cos^2 x + \sin^2 x = 1. \end{cases}$

Posons $X = \cos x$ et $Y = \sin x$.   Ce système devient

$\begin{cases} X + 2Y = 1, \\ X^2 + Y^2 = 1. \end{cases}$

D'après le 1°, il y a deux possibilités.

● Soit $X = 1$ et $Y = 0$,   c'est-à-dire $\cos x = 1$ et $\sin x = 0$, donc

$x = 2k\pi \quad (k \in \mathbb{Z})$.

Sur le cercle trigonométrique, on obtient le point $A(1 ; 0)$ (fig. 19).

● Soit $X = -\dfrac{3}{5}$ et $Y = \dfrac{4}{5}$,   c'est-à-dire $\cos x = -\dfrac{3}{5}$ et

$\sin x = \dfrac{4}{5}$.   Sur le cercle trigonométrique, on obtient le point

$B\left(-\dfrac{3}{5}, \dfrac{4}{5}\right)$ (fig. 19). Les valeurs de x sont les mesures en radians

de $(\widehat{\overrightarrow{OA}, \overrightarrow{OB}})$.

Soit x_0 l'élément de $\left[\dfrac{\pi}{2}, \pi\right]$ vérifiant $\cos x_0 = -\dfrac{3}{5}$.   En mode

radians, la touche $\boxed{\cos^{-1}}$ d'une calculatrice donne $x_0 \approx 2{,}2143$

(voir ex. 9, p. 103). Les valeurs de x sont donc les réels de la forme

$x = x_0 + 2k\pi$.

Remarque

Dans le plan rapporté à un repère orthonormé $(O, \vec{i}, \vec{j})$.

● l'équation $X + 2Y = 1$ est l'équation d'une droite (D),

● l'équation $X^2 + Y^2 = 1$ est l'équation du cercle trigonométrique (C).

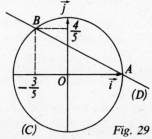

Fig. 29

Les points A et B sont donc les points d'intersection de (D) et (C), ce qui donne une construction géométrique de ces points (fig. 29).

En posant successivement

$X = \cos x$, $\quad X = \sin x$, $\quad X = \tan x$,

les équations proposées deviennent des équations du second degré. On en déduit les valeurs éventuelles de X puis de x.

1° On pose $X = \cos x$. L'équation proposée devient
$2X^2 - X - 1 = 0$.

On calcule $\Delta = 1 - 4(-1)(2) = 9$. Il y a deux solutions,

$$X = \frac{1+3}{4} = 1 \quad \text{et} \quad X = \frac{1-3}{4} = -\frac{1}{2}.$$

- $X = 1$ donne $\cos x = 1$, donc $x = 2k\pi$ $(k \in \mathbb{Z})$;

- $X = -\frac{1}{2}$ donne $\cos x = -\frac{1}{2} = \cos \frac{2\pi}{3}$, donc

soit $\quad x = \frac{2\pi}{3} + 2k\pi \quad (k \in \mathbb{Z})$,

soit $\quad x = -\frac{2\pi}{3} + 2k\pi \quad (k \in \mathbb{Z})$.

2° On pose $X = \sin x$. L'équation proposée devient
$X^2 - 3X - 4 = 0$.

On calcule $\Delta = 9 - 4(-4) = 25$. Il y a deux solutions,

$$X = \frac{3+5}{2} = 4 \quad \text{et} \quad X = \frac{3-5}{2} = -1.$$

- $X = 4$ donne $\sin x = 4$, ce qui est impossible.

- $X = -1$ donne $\sin x = -1$, donc

$x = -\frac{\pi}{2} + 2k\pi \quad (k \in \mathbb{Z})$.

3° On pose $X = \tan x$. L'équation proposée devient
$X^2 - 3X - 4 = 0$.

Elle a été résolue au 2°.

- $X = 4$ donne $\tan x = 4$. La touche $\boxed{\tan^{-1}}$ d'une calculatrice donne une solution x_0 de cette équation dans $\left] -\frac{\pi}{2}, \frac{\pi}{2} \right[$ (voir ex. 9, p. 103). On a $x_0 \approx 1{,}3258$.

Les autres solutions de l'équation $\tan x = 4$ sont de la forme
$x = x_0 + k\pi \quad (k \in \mathbb{Z})$.

• $X = -1$ donne $\tan x = -1 = \tan\left(-\dfrac{\pi}{4}\right)$,   donc

$$x = -\frac{\pi}{4} + k\pi \quad (k \in \mathbb{Z}).$$

⑫

1° Soient M et N les points du cercle trigonométrique d'ordonnée $\dfrac{1}{2}$. Les images des solutions de l'inéquation $\sin x > \dfrac{1}{2}$ sont les points de l'arc $\overset{\frown}{MAN}$, extrémités exclues (fig. 30). Comme

$$\frac{1}{2} = \sin\frac{\pi}{6} = \sin\frac{5\pi}{6},$$

les solutions cherchées sont les éléments des intervalles

$$\left]\frac{\pi}{6} + 2k\pi, \frac{5\pi}{6} + 2k\pi\right[,$$

où k est un entier relatif quelconque.

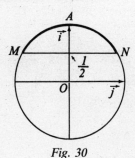

Fig. 30

2° L'équation $\sqrt{2}\cos x + 1 \leq 0$ équivaut à $\cos x \leq -\dfrac{1}{\sqrt{2}}$.

Soient P et Q les points du cercle trigonométrique d'abscisse $-\dfrac{1}{\sqrt{2}}$.
Les images des solutions de l'inéquation

$$\cos x \leq -\frac{1}{\sqrt{2}}$$

sont les points de l'arc $\overset{\frown}{PBQ}$, extrémités inclues (fig. 31).

Comme $-\dfrac{1}{\sqrt{2}} = \cos\dfrac{3\pi}{4} = \cos\dfrac{5\pi}{4}$,   les solutions cherchées sont les éléments des intervalles

$$\left[\frac{3\pi}{4}+2k\pi,\ \frac{5\pi}{4}+2k\pi\right],$$

où k est un entier relatif quelconque.

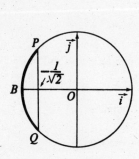

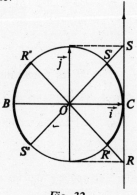

Fig. 31   Fig. 32

3° Soient R et S les points de l'axe des tangentes d'abscisses -1 et 1. La droite (OR) coupe le cercle trigonométrique en R' et R''; la droite (OS) le coupe en S' et S'' (fig. 32).
Les images des solutions de

$$-1 \leqslant \tan x \leqslant 1$$

sont les points des arcs $\overparen{R'CS'}$ et $\overparen{R''BS''}$, extrémités incluses (fig. 32).
Comme $\quad 1=\tan\dfrac{\pi}{4}\quad$ et $\quad -1=\tan\left(-\dfrac{\pi}{4}\right),\quad$ les solutions cherchées sont les éléments des intervalles

$$\left[-\frac{\pi}{4}+k\pi,\ \frac{\pi}{4}+k\pi\right],$$

où k est un entier relatif quelconque.

(13)

   • Faire un changement de variable pour se ramener à une inéquation du second degré.

   • Tenir compte de l'ensemble E dans lequel on cherche les solutions.

1° On pose $\quad X=\sin x.\quad$ On doit résoudre $\quad 4X^2-1\leqslant 0.\quad$ Le polynôme

$$X \longmapsto 4X^2-1=(2X+1)(2X-1)$$

a deux racines, $\quad X=-\dfrac{1}{2}\quad$ et $\quad X=\dfrac{1}{2}.\quad$ Son signe est donné dans le tableau suivant :

X	$-\infty$		$-\dfrac{1}{2}$		$\dfrac{1}{2}$		$+\infty$
$4X^2 - 1$		$+$	0	$-$	0	$+$	

Donc $\quad 4X^2 - 1 \leqslant 0 \quad$ équivaut à $\quad -\dfrac{1}{2} \leqslant X \leqslant \dfrac{1}{2}$.

Comme $\quad X = \sin x, \quad$ on doit avoir

$$-\frac{1}{2} \leqslant \sin x \leqslant \frac{1}{2}. \quad (1)$$

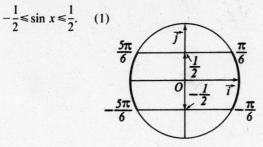

Fig. 33

On sait que

$$\sin \frac{\pi}{6} = \sin \frac{5\pi}{6} = \frac{1}{2} \quad \text{et} \quad \sin\left(-\frac{\pi}{6}\right) = \sin\left(-\frac{5\pi}{6}\right) = -\frac{1}{2}.$$

L'ensemble S des solutions de (1) est inclus dans $\quad E = [-\pi, \pi]$.

Par conséquent, $\quad S = \left[-\pi, -\dfrac{5\pi}{6}\right] \cup \left[-\dfrac{\pi}{6}, \dfrac{\pi}{6}\right] \cup \left[\dfrac{5\pi}{6}, \pi\right] \quad$ (fig. 33).

2° On pose $\quad X = \cos x. \quad$ On doit résoudre

$3X^2 + 5X - 2 > 0$.

Le discriminant du polynôme $X \longmapsto 3X^2 + 5X - 2 \quad$ est

$\Delta = 25 - 4(-2)(3) = 49$.

Il admet deux racines,

$$X = \frac{-5 + 7}{6} = \frac{1}{3} \quad \text{et} \quad X = \frac{-5 - 7}{6} = -2.$$

D'où le tableau suivant :

X	$-\infty$		-2		$\dfrac{1}{3}$		$+\infty$
$3X^2 + 5X - 2$		$+$	0	$-$	0	$+$	

L'inéquation $\quad 3X^2 + 5X - 2 > 0 \quad$ équivaut donc à $\quad X < -2 \quad$ où $X > \dfrac{1}{3}$.

Comme $X = \cos x$, on doit avoir $\cos x < -2$ ou $\cos x > \dfrac{1}{3}$.

• L'inéquation $\cos x < -2$ n'a pas de solution (car $\forall x \in \mathbb{R}, \cos x \geqslant -1$).

• L'inéquation

$$\cos x > \frac{1}{3} \quad (2)$$

admet des solutions dans $[-\pi, \pi[$.

Soit x_0 le réel élément de $\left[0, \dfrac{\pi}{2}\right]$ vérifiant $\cos x_0 = \dfrac{1}{3}$. A l'aide de la touche $\boxed{\cos^{-1}}$ d'une calculatrice, on trouve $x_0 \approx 1{,}231$ (voir ex. 9, p. 103).

On a aussi $\cos(-x_0) = \dfrac{1}{3}$.

L'ensemble S des solutions de (2) est donc

$S =]-x_0, x_0[$ (fig. 34).

C'est l'ensemble des solutions de l'inéquation proposée.

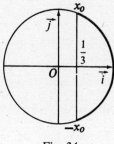

Fig. 34

1°

On utilise les formules

$(uv)' = u'v + uv'$, $(\sin x)' = \cos x$ et $(\cos x)' = -\sin x$.

On a $f'(x) = \cos x \cdot \cos x + \sin x (-\sin x)$

$\qquad\quad = \cos^2 x - \sin^2 x$.

Remarque

On peut aussi écrire $f(x) = \dfrac{1}{2} \sin 2x$ $\quad (F_{24})$.

Donc $f'(x) = \dfrac{1}{2} \cdot 2 \cos 2x$ (voir, par exemple, l'exercice 15, 1°, p. 104),

$\qquad f'(x) = \cos 2x = \cos^2 x - \sin^2 x$ $\quad (F_{23})$.

2°

On utilise la formule $\left(\dfrac{u}{v}\right)' = \dfrac{u'v - uv'}{v^2}$.

On a $f'(x) = \dfrac{-\sin x \cdot \sin x - \cos x \cdot \cos x}{\sin^2 x} = \dfrac{-\sin^2 x - \cos^2 x}{\sin^2 x}$.

On peut simplifier ce résultat de deux façons.

On a $f'(x) = \dfrac{-1}{\sin^2 x}$ (on utilise F_1).

On a aussi $f'(x) = -\dfrac{\sin^2 x}{\sin^2 x} - \dfrac{\cos^2 x}{\sin^2 x} = -1 - \cotan^2 x$.

3°

:::: On utilise la formule $(u^n)' = n u^{n-1} \cdot u'$ avec ici $n = 3$.

On a $f'(x) = 3 \sin^2 x \cdot \cos x$.

⑮

:::: La dérivée de la fonction $x \longmapsto \varphi(ax + b)$ est la fonction
$x \longmapsto a\varphi'(ax + b)$.

a) Posons $\varphi(x) = \sin x$. On a $\varphi'(x) = \cos x$.
Or $f(x) = \sin(ax + b) = \varphi(ax + b)$.
Donc $f'(x) = a\varphi'(ax + b) = a \cos(ax + b)$.

b) Posons $\varphi(x) = \cos x$. On a $\varphi'(x) = -\sin x$.
Or $f(x) = \cos(ax + b) = \varphi(ax + b)$.
Donc $f'(x) = a\varphi'(ax + b) = -a \cos(ax + b)$.

2°

:::: On utilise les résultats établis au 1°.
$[\sin(ax + b)]' = a \cos(ax + b)$
$[\cos(ax + b)]' = -a \sin(ax + b)$.

a) On a $f'(x) = 3 \cos 3x - 2 \cdot (-4 \sin 4x)$
$= 3 \cos 3x + 8 \sin 4x$.

b)

:::: Même principe qu'au 2° *a*), mais ici, la variable est *t*.

On a $f'(t) = 2 \cos\left(2t + \dfrac{\pi}{3}\right) - \dfrac{3}{2} \sin\left(\dfrac{1}{2} t + \dfrac{\pi}{4}\right)$.

⑯

1° La fonction f est définie sur $\mathbb{R}$ et a pour période π

En effet $f(x + \pi) = \sin\left[2(x + \pi) - \dfrac{\pi}{3}\right] = \sin\left(2x + 2\pi - \dfrac{\pi}{3}\right)$

$= \sin\left(2x - \dfrac{\pi}{3}\right) = f(x)$.

On a $f'(x) = 2 \cos\left(2x - \dfrac{\pi}{3}\right)$.

2° La relation $X = 2x - \dfrac{\pi}{3}$ équivaut à

$2x = X + \dfrac{\pi}{3}$, donc à $x = \dfrac{1}{2}\left(X + \dfrac{\pi}{3}\right).$

Par conséquent, $X = 0$ donne $x = \dfrac{\pi}{6}$,

$$X = \dfrac{\pi}{2} \quad \text{donne} \quad x = \dfrac{5\pi}{12},$$

$$X = \dfrac{3\pi}{2} \quad \text{donne} \quad x = \dfrac{11\pi}{12},$$

$$X = 2\pi \quad \text{donne} \quad x = \dfrac{7\pi}{6}.$$

L'intervalle $\left[\dfrac{\pi}{6}, \dfrac{7\pi}{6}\right]$ a une amplitude égale à $\dfrac{7\pi}{6} - \dfrac{\pi}{6} = \pi$, ce qui est justement la période de f.

En remarquant que

$$f(x) = \sin\left(2x - \dfrac{\pi}{3}\right) = \sin X$$

et que

$$f'(x) = 2\cos\left(2x - \dfrac{\pi}{3}\right) = 2\cos X,$$

on obtient le tableau de variation de f sur $\left[\dfrac{\pi}{6}, \dfrac{7\pi}{6}\right]$:

x	$\dfrac{\pi}{6}$		$\dfrac{5\pi}{12}$		$\dfrac{11\pi}{12}$		$\dfrac{7\pi}{6}$
$X = 2x - \dfrac{\pi}{3}$	0		$\dfrac{\pi}{2}$		$\dfrac{3\pi}{2}$		2π
$f'(x) = 2\cos X$	2	$+$	0	$-$	0	$+$	2
$f(x) = \sin X$	0	↗	1	↘	-1	↗	0

Remarque

L'énoncé donne ici tous les intermédiaires.

Les valeurs $X = \dfrac{\pi}{2}$ et $X = \dfrac{3\pi}{2}$ étaient justement les valeurs qui annulaient la dérivée.

3° La courbe (C) est représentée à la figure 35.

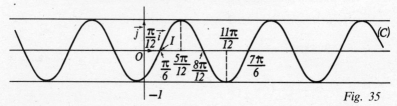

Fig. 35

● On représente d'abord (C) sur $\left[\dfrac{\pi}{6}, \dfrac{7\pi}{6}\right]$, puis on fait des translations de vecteur $k\pi\vec{\imath}$ $(k \in \mathbb{Z})$.

● Il est commode de prendre un repère $(O, \vec{\imath}, \vec{\jmath})$ orthogonal mais non orthonormé. En effet, les valeurs de x qui interviennent sont des multiples de $\dfrac{\pi}{12}$. On peut prendre par exemple

$$\left\| \dfrac{\pi}{12}\,\vec{\imath} \right\| = 0{,}5 \text{ cm} \quad \text{et} \quad \left\| \vec{\jmath} \right\| = 2 \text{ cm.}$$

● Quelques valeurs supplémentaires :

x	$\dfrac{4\pi}{12}$	$\dfrac{8\pi}{12}$	$\dfrac{13\pi}{12}$
$f(x)$	0,87	0	$-0{,}5$

4° a) Soit M un point de coordonnées (x, y) et (X, Y) dans les repères respectifs $(O, \vec{\imath}, \vec{\jmath})$ et $(I, \vec{\imath}, \vec{\jmath})$. De $\overrightarrow{OM} = \overrightarrow{OI} + \overrightarrow{IM}$, on tire

$$\begin{cases} x = \dfrac{\pi}{6} + X, \\ y = Y. \end{cases}$$

Une équation de (C) dans $(O, \vec{\imath}, \vec{\jmath})$ est

$$y = \sin\left(2x - \dfrac{\pi}{3}\right).$$

Une équation de (C) dans $(I, \vec{\imath}, \vec{\jmath})$ est

$$Y = \sin\left[2\left(\dfrac{\pi}{6} + X\right) - \dfrac{\pi}{3}\right]$$

$$Y = \sin 2X.$$

Remarque

La fonction $X \longmapsto \sin 2X$ est impaire, donc I est centre de symétrie pour (C).

b) Soit M un point de coordonnées (X, Y) et (x', y') dans les repères respectifs $(I, \vec{\imath}, \vec{\jmath})$ et $\left(I, \dfrac{1}{2}\,\vec{\imath}, \vec{\jmath}\right)$.

On a, par définition,

$$\overrightarrow{IM} = X\vec{\imath} + Y\vec{\jmath} = x'\left(\dfrac{1}{2}\,\vec{\imath}\right) + y'\vec{\jmath}.$$

On en déduit que

$$\begin{cases} X = \dfrac{1}{2}\,x' \\ Y = y' \end{cases}$$

Une équation de (C) dans $\left(I, \vec{i}, \vec{j}\right)$ est
$Y = \sin 2X$.

Une équation de (C) dans $\left(I, \dfrac{1}{2}\vec{i}, \vec{j}\right)$ est

$y' = \sin 2\left(\dfrac{1}{2}x'\right)$

$y' = \sin x'$.

Ceci démontre que (C) est une sinusoïde.

Remarque
Le procédé utilisé dans cet exercice est général. Soit a un réel non nul.
Pour étudier les fonctions
$$x \longmapsto \sin(ax+b) \quad \text{et} \quad x \longmapsto \cos(ax+b),$$
on peut
- poser $X = ax + b$,
- chercher les valeurs x_1 et x_2 de x correspondant à $X = 0$ et $X = 2\pi$,
- étudier la fonction considérée sur l'intervalle $[x_1, x_2]$.

1° La fonction f est définie sur $\mathbb{R}$. On a
$$\begin{aligned} f(x+2\pi) &= \cos^2(x+2\pi) - \cos(x+2\pi) - 1 \\ &= \cos^2 x - \cos x - 1 = f(x), \end{aligned}$$
donc 2π est une période. On a
$$f(-x) = \cos^2(-x) - \cos(-x) - 1 = \cos^2 x - \cos x - 1 = f(x),$$
donc f est paire.

Si une fonction définie sur $\mathbb{R}$ est paire (ou impaire) et a pour période T, on peut l'étudier sur $\left[0, \dfrac{T}{2}\right]$. En effet, la parité (ou l'imparité) permet d'obtenir sa courbe sur $\left[-\dfrac{T}{2}, 0\right]$. Comme l'intervalle

$$\left[-\dfrac{T}{2}, 0\right] \cup \left[0, \dfrac{T}{2}\right] = \left[-\dfrac{T}{2}, \dfrac{T}{2}\right]$$

a pour longueur T, la périodicité de la fonction permet d'obtenir sa courbe sur $\mathbb{R}$ tout entier.

On étudie f sur $[0, \pi]$. On a

$f'(x) = 2 \cos x(\cos x)' - (\cos x)' = -2 \cos x \sin x + \sin x$,

$f'(x) = \sin x(-2 \cos x + 1)$.

Cherchons le signe de $f'(x)$ en étudiant le signe de chaque facteur dans $[0, \pi]$.

● Si $x \in [0, \pi]$, alors $\sin x \geqslant 0$.

● L'égalité $-2 \cos x + 1 = 0$ équivaut à $\cos x = \dfrac{1}{2}$, donc à $x = \dfrac{\pi}{3}$.

L'inégalité $-2 \cos x + 1 > 0$ équivaut à $\cos x < \dfrac{1}{2}$, donc à

$\dfrac{\pi}{3} < x \leqslant \pi$ (fig. 36).

Le signe de $f'(x)$ est donné dans le tableau suivant :

x	0		$\dfrac{\pi}{3}$		π
$\sin x$	0	+		+	0
$-2 \cos x + 1$		−	0	+	
$f'(x)$	0	−	0	+	0

On en déduit le tableau de variations de f :

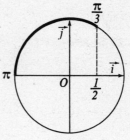

Fig. 36

x	0		$\dfrac{\pi}{3}$		π
$f'(x)$	0	−	0	+	0
$f(x)$	-1	↘	$-\dfrac{5}{4}$	↗	1

2° On a $\cos \dfrac{\pi}{2} = 0$, donc $f\left(\dfrac{\pi}{2}\right) = -1$.

On a $\cos\left(\dfrac{2\pi}{3}\right) = \cos\left(\pi - \dfrac{\pi}{3}\right) = -\cos \dfrac{\pi}{3} = -\dfrac{1}{2}$, donc

$f\left(\dfrac{2\pi}{3}\right) = \left(-\dfrac{1}{2}\right)^2 - \left(-\dfrac{1}{2}\right) - 1 = \dfrac{1}{4} + \dfrac{1}{2} - 1 = -\dfrac{1}{4}$.

La courbe (C) est représentée à la figure 37.
On la trace d'abord sur $[0, \pi]$, puis sur $[-\pi, 0]$, par symétrie orthogonale par rapport à l'axe des ordonnées. On fait ensuite des translations de vecteur $2k\pi\vec{\jmath}$ $(k \in \mathbb{Z})$.

　　　Ne pas prendre un repère orthonormé, mais, par exemple

$\left\| \dfrac{\pi}{6}\vec{\imath} \right\| = 0.5$ cm   et $\left\| \vec{\jmath} \right\| = 2$ cm.

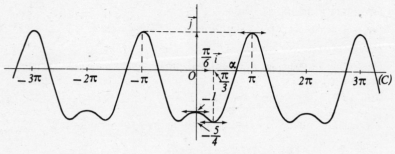

Fig. 37

Remarque

Les droites d'équation $x = k\pi$ $(k \in \mathbb{Z})$ sont axes de symétrie pour (C).

3° Posons $X = \cos x$. L'équation

$$\cos^2 x - \cos x - 1 = 0$$

devient $X^2 - X - 1 = 0$. On calcule $\Delta = 1 - 4(-1) = 5$. Il y a deux solutions,

$$X_1 = \frac{1 + \sqrt{5}}{2} \approx 1,6 \quad \text{et} \quad X_2 = \frac{1 - \sqrt{5}}{2} \approx -0,6.$$

Comme $X = \cos x$, on obtient

• soit $\cos x = X_1 \approx 1,6$, ce qui est impossible $\left(\text{car } \forall x \in \mathbb{R}, \; -1 \leqslant \cos x \leqslant 1\right)$;

• soit $\cos x = X_2 = \dfrac{1 - \sqrt{5}}{2}$. Il y a une seule solution α dans $[0, \pi]$

(voir ex. 9 p. 103). A l'aide de la touche $\boxed{\cos^{-1}}$ d'une calculatrice, on trouve $\alpha \approx 2,237$.

⑱

1° La fonction f est définie sur $\mathbb{R}$. On a

$$f(x + 2\pi) = \sin\left[2(x + 2\pi)\right] + 2 \sin(x + 2\pi)$$
$$= \sin(2x + 4\pi) + 2 \sin(x + 2\pi)$$
$$= \sin 2x + 2 \sin x = f(x),$$

donc 2π est une période. On a

$$f(-x) = \sin(-2x) + 2 \sin(-x) = -\sin 2x - 2 \sin x = -f(x),$$

donc f est impaire.

On étudie f sur $[0, \pi]$ (voir le conseil de l'exercice 17, 1°).

On calcule

$f'(x) = 2 \cos 2x + 2 \cos x = 2(2 \cos^2 x - 1) + 2 \cos x$

$f'(x) = 2(2 \cos^2 x + \cos x - 1).$

Pour étudier le signe de $f'(x)$, qui est un polynôme du second degré en $\cos x$, on pose $X = \cos x$. On est ainsi amené à étudier le signe de

$2X^2 + X - 1.$

On calcule $\Delta = 1 - 4(-1)(2) = 9.$ Il y a deux racines,

$$X_1 = \frac{-1+3}{4} = \frac{1}{2} \quad \text{et} \quad X_2 = \frac{-1-3}{4} = -1.$$

Le signe de $2X^2 + X - 1$ est donné dans le tableau suivant :

X	$-\infty$		-1		$\frac{1}{2}$		$+\infty$
$2X^2 + X - 1$		$+$	0	$-$	0	$+$	

Dans $[0, \pi]$, $X = \cos x = -1$ donne $x = \pi$, et $X = \cos x = \frac{1}{2}$ donne $x = \frac{\pi}{3}$.

Il y a trois cas :

- $\cos x < -1$, c'est impossible.

- $-1 < \cos x < \frac{1}{2}$, ce qui correspond à $\frac{\pi}{3} < x < \pi$ (fig. 38).

- $\cos x > \frac{1}{2}$, ce qui correspond à $0 < x < \frac{\pi}{3}$ (fig. 38).

D'où le signe de $f'(x)$ sur $[0, \pi]$:

x	0		$\frac{\pi}{3}$		π
$f'(x)$		$+$	0	$-$	0

On en déduit le tableau de variations de f :

x	0		$\frac{\pi}{3}$		π
$f'(x)$	4	$+$	0	$-$	0
$f(x)$	0	$\nearrow$	$\frac{3\sqrt{3}}{2}$	$\searrow$	0

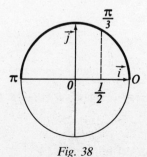

Fig. 38

$$f\left(\frac{\pi}{3}\right) = \sin\frac{2\pi}{3} + 2\sin\frac{\pi}{3} = \frac{\sqrt{3}}{2} + 2\frac{\sqrt{3}}{2} = \frac{3\sqrt{3}}{2} \approx 2,6.$$

2° *a*) Une équation de Δ est

$$y = f'(0)(x-0) + f(0).$$

Comme $f'(0) = 4$ et $f(0) = 0$, on obtient $y = 4x$.

b) La droite Δ et la courbe (*C*) sont représentées à la figure 39.
On trace d'abord (*C*) sur $[0, \pi]$, puis sur $[-\pi, 0]$ par symétrie
par rapport à *O*. On fait ensuite des translations de vecteur
$2k\pi\vec{i}$ $(k \in \mathbb{Z})$.

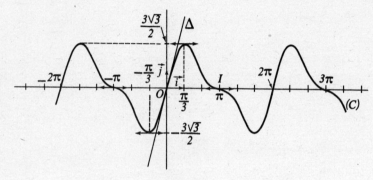

Fig. 39

L'énoncé impose un repère orthonormé.
Il est commode de graduer l'axe des abscisses avec les
multiples de $\frac{\pi}{3} \approx 1,05$.

3° On a

$$f(\pi + h) = \sin 2(\pi + h) + 2\sin(\pi + h)$$
$$= \sin 2h - 2\sin h.$$

$$f(\pi - h) = \sin 2(\pi - h) + 2\sin(\pi - h)$$
$$= \sin(-2h) - 2\sin(-h)$$
$$= -\sin 2h + 2\sin h = -f(\pi + h).$$

Ceci démontre que le point $I(\pi, 0)$ est centre de symétrie pour (*C*).
En effet, considérons les points *M* et *M'* de (*C*) d'abscisses
respectives $\pi + h$ et $\pi - h$. Le milieu de (M, M') a pour coordonnées

$$x = \frac{1}{2}(\pi + h + \pi - h) = \pi \quad \text{et} \quad y = \frac{1}{2}[f(\pi + h) + f(\pi - h)] = 0.$$

C'est le point *I*.

1° La fonction f est définie sur $\mathbb{R}$. On a $f'(x) = 1 + \cos x$. Or $\forall x \in \mathbb{R}$, $\cos x \geq -1$, donc $f'(x) \geq 0$.

Sur $[0, 2\pi]$, la condition $f'(x) = 0$ équivaut à $\cos x = -1$, donc à $x = \pi$.

D'où le tableau de variation de f :

x	0		π		2π
$f'(x)$	2	+	0	+	2
$f(x)$	0	$\nearrow$	π	$\nearrow$	2π

La partie de (C) correspondante est tracée à la figure 40.

● On peut utiliser les valeurs suivantes :

x	0	$\dfrac{\pi}{2}$	π	$\dfrac{3\pi}{2}$	2π
$f(x)$	0	$\dfrac{\pi}{2}+1$	π	$\dfrac{3\pi}{2}-1$	2π
Valeur approchée		2,6	3,1	3,7	6,3

● Comme $f'(0) = f'(2\pi) = 2$, la courbe (C) admet des tangentes de pente 2 aux points d'abscisses 0 et 2π.

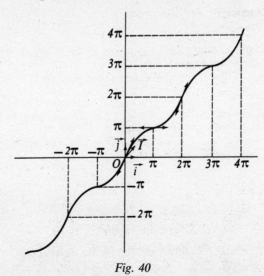

Fig. 40

2° On a

$$f(x + 2\pi) = x + 2\pi + \sin(x + 2\pi)$$
$$= x + 2\pi + \sin x,$$

donc $f(x + 2\pi) = f(x) + 2\pi.$

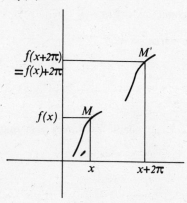

Fig. 41

Considérons les points M et M' de (C) d'abscisses respectives x et $x + 2\pi$.   L'ordonnée de M est $f(x)$; celle de M' est

$$f(x + 2\pi) = f(x) + 2\pi   \text{(fig. 41).}$$

Le vecteur $\overrightarrow{MM'}$ a pour coordonnées

$$\left(x + 2\pi - x, f(x) + 2\pi - f(x)\right) = (2\pi, 2\pi).$$

Il est indépendant de M. Si on pose

$$\overrightarrow{MM'} = \vec{u} = 2\pi\vec{i} + 2\pi\vec{j},$$

on voit que l'image d'un point quelconque M de (C) par la translation de vecteur $\vec{u}$ est un point M' dc (C).

Autrement dit, (C) est invariante dans la translation de vecteur

$$\vec{u} = 2\pi\vec{j} + 2\pi\vec{j}.$$

Ceci permet de représenter (C) sur $[2\pi, 4\pi]$, $[4\pi, 6\pi]$,   etc. (fig. 40). On démontrerait de même que (C) est invariante dans la translation de vecteur $-\vec{u}$, ce qui permet de représenter (C) sur $[-2\pi, 0], [-4\pi, -2\pi]$,   etc. (fig. 40).

Remarque

La fonction f est impaire, car

$$f(-x) = -x + \sin(-x) = -f(x).$$

La courbe (C) est symétrique par rapport à O.

3° a) Par définition des coordonnées, on a

$$\overrightarrow{OM} = x\vec{i} + y\vec{j} = X\vec{I} + Y\vec{J}.$$

En remplaçant $\vec{I}$ et $\vec{J}$ par leurs valeurs, on obtient

$$x\vec{i} + y\vec{j} = X(\vec{i} + \vec{j}) + Y\vec{j}$$

$$x\vec{i} + y\vec{j} = X\vec{i} + (X + Y)\vec{j}.$$

D'où $\quad \begin{cases} x = X \\ y = X + Y. \end{cases}$

b) Une équation de (C) dans le repère $(O, \vec{i}, \vec{j})$ est

$$y = x + \sin x.$$

Une équation de (C) dans le repère $(O, \vec{I}, \vec{J})$ s'obtient en remplaçant x et y par les valeurs obtenues au a). On trouve

$$X + Y = X + \sin X,$$

c'est-à-dire $\quad Y = \sin X.$

Remarques

• (C) est donc une sinusoïde.

• L'axe des abscisses du nouveau repère, c'est-à-dire l'axe de repère $(O, \vec{I})$, est la droite d'équation $\quad y = x \quad$ dans le repère $(O, \vec{i}, \vec{j})$. L'axe des ordonnées est le même dans les deux repères.

CHAPITRE 4

Géométrie
dans l'espace

Ce qu'il faut savoir

I — VECTEURS DE L'ESPACE

1° Définitions

On définit les vecteurs de l'espace, leur **somme** et leur **produit par un réel** d'une manière analogue à celle utilisée pour les vecteurs du plan.

On a en particulier, pour tous points A, B, C, D et tout réel k :

● $\overrightarrow{AB} = \overrightarrow{CD}$ $\iff$ (A, B, D, C) est un parallélogramme (fig. 1).

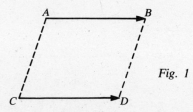

Fig. 1

● Relation de Chasles : $\overrightarrow{AB} + \overrightarrow{BC} = \overrightarrow{AC}$ (fig. 2).

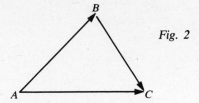

Fig. 2

● $\overrightarrow{AC} = k\overrightarrow{AB}$ $\iff$ $\begin{cases} A, B \text{ et } C \text{ sont alignés} \\ AC = kAB \qquad \text{(fig. 3).} \end{cases}$

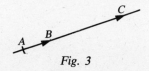

Fig. 3

Les propriétés de ces deux opérations sont les mêmes que pour les vecteurs du plan.

2° **Base**

On note $\mathcal{V}$ l'ensemble des vecteurs de l'espace.

■ **Définition**
Une base $(\vec{i}, \vec{j}, \vec{k})$ de $\mathcal{V}$ est un triplet de vecteurs vérifiant la propriété suivante : pour tout vecteur $\vec{u}$ de $\mathcal{V}$, il existe un unique triplet de réels (x, y, z) tel que $\quad \vec{u} = x\vec{i} + y\vec{j} + z\vec{k}.$ On dit que x, y et z sont les coordonnées de $\vec{u}$ dans la base $(\vec{i}, \vec{j}, \vec{k})$. On écrit $\vec{u}(x, y, z)$.

$$\text{Dans une base } (\vec{i}, \vec{j}, \vec{k}), \quad \vec{u}(x, y, z) \iff \vec{u} = x\vec{i} + y\vec{j} + z\vec{k}.$$

■ **Caractérisation**
Soient $\vec{i}, \vec{j}$ et $\vec{k}$ des vecteurs de $\mathcal{V}$. On pose $\vec{i} = \overrightarrow{OA}, \vec{j} = \overrightarrow{OB}$ et $\vec{k} = \overrightarrow{OC}$.
Les vecteurs $\vec{i}, \vec{j}$ et $\vec{k}$ forment une base de $\mathcal{V}$ si et seulement si les points O, A, B et C ne sont pas coplanaires (fig. 4).

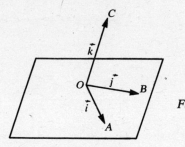

Fig. 4

■ **Base orthonormée**
La base $(\vec{i}, \vec{j}, \vec{k})$ est orthonormée si et seulement si
$$\begin{cases} \|\vec{i}\| = \|\vec{j}\| = \|\vec{k}\| = 1 \\ \vec{i} \perp \vec{j}, \ \vec{j} \perp \vec{k}, \ \vec{k} \perp \vec{i} \end{cases} \quad \text{(fig. 5)}.$$

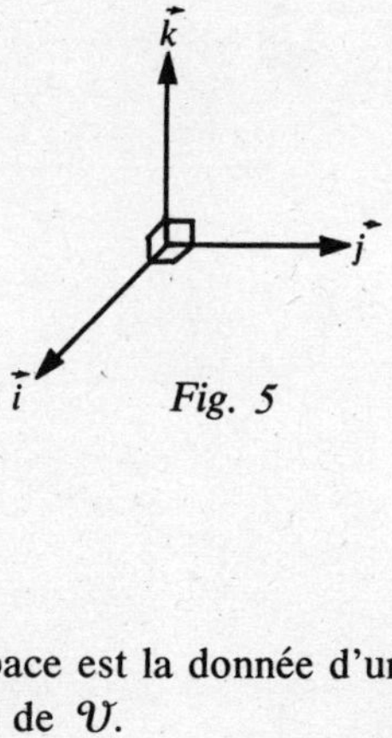

Fig. 5

3° **Repère**

■ **Définition**
Un repère $(O, \vec{i}, \vec{j}, \vec{k})$ de l'espace est la donnée d'un point O appelé origine et d'une base $(\vec{i}, \vec{j}, \vec{k})$ de $\mathcal{V}$.

Pour tout point M de l'espace, il existe un unique triplet de réels (x, y, z) tel que $\overrightarrow{OM} = x\vec{i} + y\vec{j} + z\vec{k}$. On dit que x, y et z sont les coordonnées de M dans le repère $(O, \vec{i}, \vec{j}, \vec{k})$. On écrit $M(x, y, z)$. On dit que x est l'abscisse de M, y son ordonnée et z sa **cote.**

Dans un repère $(O, \vec{i}, \vec{j}, \vec{k})$, $M(x, y, z)$ $\iff$ $\overrightarrow{OM} = x\vec{i} + y\vec{j} + z\vec{k}$
(fig. 6)

■ **Repère orthonormé**
Le repère $(O, \vec{i}, \vec{j}, \vec{k})$ est orthonormé si et seulement si la base $(\vec{i}, \vec{j}, \vec{k})$ est orthonormée (fig. 6).

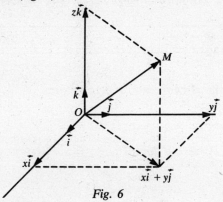

Fig. 6

4° Les formules

● Dans une base $(\vec{i}, \vec{j}, \vec{k})$, soient $\vec{u}(x, y, z)$ et $\vec{u}'(x', y', z')$. Soit k un réel.

Les coordonnées de $\vec{u} + \vec{u}'$ sont $(x + x', y + y', z + z')$.
Les coordonnées de $k\vec{u}$ sont (kx, ky, kz).

$\vec{u}$ et $\vec{u}'$ sont colinéaires[1] $\iff$ $\begin{vmatrix} x & y \\ x' & y' \end{vmatrix} = \begin{vmatrix} y & z \\ y' & z' \end{vmatrix} = \begin{vmatrix} z & x \\ z' & x' \end{vmatrix} = 0.$

Si de plus la base est orthonormée, alors

$\vec{u}$ et $\vec{u}'$ sont orthogonaux $\iff$ $xx' + yy' + zz' = 0$.
La norme de $\vec{u}$ est $\| \vec{u} \| = \sqrt{x^2 + y^2 + z^2}$.

---

(1) La colinéarité de deux vecteurs est définie dans l'espace de la même façon que dans le plan (*cf.* page 7).

● Dans un repère $\left(O, \vec{i}, \vec{j}, \vec{k}\right)$, soient $A(x_A, y_A, z_A)$ et $B(x_B, y_B, z_B)$.

Les coordonnées de $\overrightarrow{AB}$ dans la base $\left(\vec{i}, \vec{j}, \vec{k}\right)$ sont
$(x_B - x_A, \ y_B - y_A, \ z_B - z_A)$.
Les coordonnées du milieu de (A, B) sont
$\left(\dfrac{x_A + x_B}{2}, \dfrac{y_A + y_B}{2}, \dfrac{z_A + z_B}{2}\right)$.

Si de plus le repère est orthonormé, alors la distance AB est

$$d(A, B) = AB = \|\overrightarrow{AB}\| = \sqrt{(x_B - x_A)^2 + (y_B - y_A)^2 + (z_B - z_A)^2}.$$

5° Vecteurs directeurs d'une droite

Définition
Soit $\vec{u}$ un vecteur **non nul** et $\mathcal{D}$ une droite.
On dit que $\vec{u}$ est un vecteur directeur de D si et seulement si il existe
deux points A et B de $\mathcal{D}$ tels que $\overrightarrow{AB} = \vec{u}$ (fig. 7).

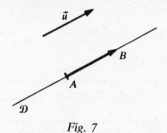

Fig. 7

Remarques

● Soit $\vec{u}$ un vecteur directeur d'une droite $\mathcal{D}$.
L'ensemble des vecteurs directeurs de $\mathcal{D}$ est l'ensemble des vecteurs
de la forme $a\vec{u}$, où a est un réel non nul.

● Deux droites sont parallèles si et seulement si elles ont des vecteurs
directeurs colinéaires. (Elles ont le même ensemble de vecteurs
directeurs.)

6° Vecteurs directeurs d'un plan

Définition
Soit $\vec{u}$ un vecteur **non nul** et $\mathcal{P}$ un plan.

On dit que $\vec{u}$ est un vecteur directeur de $\mathscr{P}$ si et seulement si il existe deux points A et B de $\mathscr{P}$ tels que $\overrightarrow{AB} = \vec{u}$ (fig. 8).

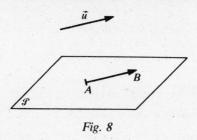

Fig. 8

Remarques

● Soient $\vec{u}$ et $\vec{v}$ des vecteurs directeurs de $\mathscr{P}$ non colinéaires. $(\vec{u}, \vec{v})$ est une base de $\mathscr{P}$. L'ensemble des vecteurs directeurs de $\mathscr{P}$ est l'ensemble des vecteurs de la forme $a\vec{u} + b\vec{v}$, où a et b sont des réels tous les deux nuls.

● Deux plans sont parallèles si et seulement si ils ont même ensemble de vecteurs directeurs.

● Une droite est parallèle à un plan si et seulement si un vecteur directeur de la droite est aussi vecteur directeur du plan.

7° Vecteur normal à un plan

Définition

Soit $\vec{u}$ un vecteur **non nul** et $\mathscr{P}$ un plan.
On dit que $\vec{u}$ est un vecteur normal à $\mathscr{P}$ (ou orthogonal à $\mathscr{P}$) si et seulement si $\vec{u}$ est un vecteur directeur d'une droite $\mathscr{D}$ orthogonale à $\mathscr{P}$ (fig. 9).

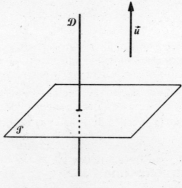

Fig. 9

Remarques

● Un vecteur $\vec{u}$ normal à $\mathcal{P}$ est orthogonal à tout vecteur directeur de $\mathcal{P}$.

● Pour que $\vec{u}$ soit normal à $\mathcal{P}$, il faut et il suffit que $\vec{u}$ soit orthogonal à deux vecteurs formant une base de $\mathcal{P}$.

II — PRODUIT SCALAIRE

Une unité de longueur a été choisie dans l'espace.

1° Définition

Le produit scalaire des vecteurs $\vec{u}$ et $\vec{v}$ est un réel, noté $\vec{u} \cdot \vec{v}$, défini de la façon suivante :

si $\vec{u} = \vec{0}$ ou $\vec{v} = \vec{0}$, alors $\vec{u} \cdot \vec{v} = 0$;

si $\vec{u} \neq \vec{0}$ et $\vec{v} \neq \vec{0}$, on pose $\vec{u} = \overrightarrow{AB}$ et $\vec{v} = \overrightarrow{AC}$.

Soit H la projection orthogonale de C sur la droite (AB) (fig. 10). On a

$$\boxed{\vec{u} \cdot \vec{v} = \overrightarrow{AB} \cdot \overrightarrow{AC} = \overrightarrow{AB} \cdot \overrightarrow{AH} = AB \cdot AC \cos \widehat{BAC}.}$$

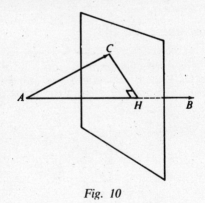

Fig. 10

2° Propriétés

Ce sont les mêmes que celles du produit scalaire dans le plan (p. 11 et 12).

3° Expression dans une base

La définition d'une base orthonormée est donnée p. 144.

Dans une base orthonormée $(\vec{i}, \vec{j}, \vec{k})$, soient $\vec{u}\,(x, y, z)$ et $\vec{v}\,(x', y', z')$. On a

$$\vec{u} \cdot \vec{v} = xx' + yy' + zz'$$

et $\quad \|\vec{u}\| = \sqrt{x^2 + y^2 + z^2}.$

III — SPHÈRE

1° Définition

On appelle sphère de centre O et de rayon R $(R \geqslant 0)$ l'ensemble des points M de l'espace vérifiant $OM = R$.
Si R est nul, la sphère est réduite à son centre. On suppose désormais R strictement positif.

2° Intersection d'une sphère et d'un plan

Soit $\mathcal{S}$ la sphère de centre O et de rayon R et soit $\mathcal{P}$ un plan. On appelle H la projection orthogonale de O sur $\mathcal{P}$ et d la distance de O à $\mathcal{P}$ $(d = OH)$.

$d < R$	$d = R$	$d > R$
Fig. 11	*Fig. 12*	*Fig. 13*
$\mathcal{S} \cap \mathcal{P}$ est un cercle $\mathcal{C}$ $\begin{cases} \text{de centre } H \\ \text{de rayon} \\ \quad r = \sqrt{R^2 - d^2} \end{cases}$	$\mathcal{S} \cap \mathcal{P} = \{H\}$ On dit que $\mathcal{P}$ est tangent à $\mathcal{S}$	$\mathcal{S} \cap \mathcal{P} = \varnothing$

3° Équation d'une sphère

Soit $(O; \vec{i}, \vec{j}, \vec{k})$ un repère orthonormé.

- La sphère $\mathcal{S}$ de centre $A(x_A, y_A, z_A)$ et de rayon R a pour équation

$$(x - x_A)^2 + (y - y_A)^2 + (z - z_A)^2 = R^2.$$

Cette condition est de la forme

$$x^2 + y^2 + z^2 + ax + by + cz + d = 0.$$

- Réciproquement

> Soient a, b, c, d des réels. L'ensemble des points dont les coordonnées (x, y, z) vérifient
>
> $$x^2 + y^2 + z^2 + ax + by + cz + d = 0$$
>
> est soit une sphère (éventuellement réduite à un point), soit l'ensemble vide.

Exercices

Exercices 1 à 7. Vecteurs de l'espace

(1) *Combinaison linéaire.*
Dans une base $(\vec{i}, \vec{j}, \vec{k})$, on considère les vecteurs $\vec{u}\,(1, 2, -3)$ et $\vec{v}\,(2, -1, 1)$.

1° Calculer les coordonnées de

$$\vec{w}_1 = 2\vec{u} - \vec{v} \qquad \text{et} \qquad \vec{w}_2 = \frac{1}{3}\,\vec{u} + \frac{1}{2}\,\vec{v}$$

dans la base $(\vec{i}, \vec{j}, \vec{k})$.

2° On dit qu'un vecteur $\vec{t}$ est combinaison linéaire de $\vec{u}$ et $\vec{v}$ si il existe des réels x et y tels que $\vec{t} = x\vec{u} + y\vec{v}$.
Les vecteurs suivants sont-ils des combinaisons linéaires de $\vec{u}$ et $\vec{v}$:

a) $\vec{t}_1(9, -2, 1)$?

b) $\vec{t}_2(1, 3, -1)$?

(2) Dans un repère orthonormé, on considère les points
$A(-1, 1, 0)$, $B(1, 2, -3)$, $C(2, 3, -2)$, $D(0, 2, 1)$.
Démontrer que le quadrilatère $ABCD$ est un rectangle.

(3) L'espace est muni d'un repère $(O, \vec{i}, \vec{j}, \vec{k})$.
Les points $A(1, 2, 3)$, $B(2, 0, 1)$ et $C\left(\dfrac{3}{2}, 1, 2\right)$ sont-ils alignés?

(4) L'espace est muni d'un repère $(O, \vec{i}, \vec{j}, \vec{k})$.
Soit $\mathcal{D}$ la droite passant par $A(1, 2, 3)$ et de vecteur directeur $\vec{u}\,(1, -2, -1)$.

1° Le point $B(3, -2, 1)$ appartient-il à $\mathcal{D}$?

2° Le point $C(5, 3, -1)$ appartient-il à $\mathcal{D}$?

3° Déterminer le point M de $\mathcal{D}$ dont la cote est nulle.

(5) L'espace est muni d'un repère $(O, \vec{i}, \vec{j}, \vec{k})$.
1° Vérifier que les vecteurs $\vec{u}\,(1, 3, 1)$ et $\vec{v}\,(3, 1, -1)$ ne sont pas colinéaires.

2° On note $\mathscr{S}$ le plan passant par A $(1, 0, 2)$ et de vecteurs directeurs $\vec{u}$ et $\vec{v}$.

a) Le vecteur $\vec{w}$ $(-1, 5, 3)$ est-il un vecteur directeur de $\mathscr{S}$?

b) Le point B $(0, 5, 5)$ appartient-il à $\mathscr{S}$?

c) Le point C $(1, 2, -1)$ appartient-il à $\mathscr{S}$?

6 L'espace est muni d'un repère orthonormé $(O, \vec{i}, \vec{j}, \vec{k})$.
Soit $\mathscr{S}$ le plan passant par A $(2, -1, 4)$ et ayant pour vecteur normal $\vec{u}$ $(1, 3, -2)$.
Trouver une condition nécessaire et suffisante pour que le point M (x, y, z) appartienne à $\mathscr{S}$.

7 *Centre de gravité d'un tétraèdre*[1]
Soit $ABCD$ un tétraèdre.

1° Démontrer qu'il existe un seul point G tel que
$$\vec{GA} + \vec{GB} + \vec{GC} + \vec{GD} = \vec{0}$$

(le point G s'appelle le centre de gravité du tétraèdre $ABCD$).

2° Soient E, F, H, I, J, K les milieux respectifs de (A, B), (C, D), (A, C), (B, D), (A, D), (B, C). Démontrer que (E, F), (H, I) et (J, K) ont même milieu G.

3° *a*) Démontrer que, pour tout point M de l'espace,
$$\vec{MA} + \vec{MB} + \vec{MC} + \vec{MD} = 4\vec{MG}.$$

b) Soit A' le centre de gravité du triangle BCD. Déduire du *a*) que les points A, G et A' sont alignés.

4° Il existe sept droites remarquables concourantes en G. Lesquelles?

Exercices 8 à 13. Produit scalaire

8 Soit $(\vec{i}, \vec{j}, \vec{k})$ une base orthonormée.
Calculer $\vec{u} \cdot \vec{v}$, $\|\vec{u}\|$, $\|\vec{v}\|$ et $\cos(\widehat{\vec{u}, \vec{v}})$ dans les cas suivants :

1° $\vec{u} = 2\vec{i} - \vec{j} + \vec{k}$ et $\vec{v} = \vec{i} + \vec{j} - 3\vec{k}$;

2° $\vec{u} = \vec{i} + \vec{j} + \vec{k}$ et $\vec{v} = 2\vec{i} + \vec{j} - 3\vec{k}$;

3° $\vec{u} = \sqrt{2}\,\vec{i} + \vec{j} - 2\vec{k}$ et $\vec{v} = -\vec{i} - \dfrac{\sqrt{2}}{2}\,\vec{j} + \sqrt{2}\,\vec{k}$.

---

(1) Figure formée par quatre points non coplanaires.

(9) Dans un repère orthonormé $(O, \vec{i}, \vec{j}, \vec{k})$, on considère les points
$A(1, -3, 2)$, $B(0, 1, -1)$, $C(4, 1, -2)$.
Calculer à 10^{-1} près les longueurs des côtés et les angles du triangle
ABC.

(10) *Plan médiateur*
Soient A et B des points distincts de l'espace et I le milieu de (A, B).
1° Démontrer que, pour tout point M de l'espace, on a
$$MB^2 - MA^2 = 2\overrightarrow{MI} . \overrightarrow{AB}.$$
2° Retrouver alors l'ensemble des points M équidistants de A et B.
3° Dans un repère orthonormé $(O, \vec{i}, \vec{j}, \vec{k})$, on pose
$A(1, 0, 3)$ et $B(-1, 1, 5)$.
Trouver une condition nécessaire et suffisante portant sur les
coordonnées (x, y, z) d'un point M pour qu'il soit équidistant de A
et B.

(11) 1° Démontrer que, quels que soient les points A, B, C, D, on a
$$\overrightarrow{AB} . \overrightarrow{CD} + \overrightarrow{AC} . \overrightarrow{DB} + \overrightarrow{AD} . \overrightarrow{BC} = 0.$$
2° En déduire que si, dans tout tétraèdre, il y a deux couples d'arêtes
opposées orthogonales, les deux arêtes restantes sont aussi
orthogonales.
3° Lorsque les points A, B, C, D sont coplanaires, un raisonnement
analogue à celui du 2° démontre une propriété des triangles. Laquelle?

(12) *Ensemble des points M tels que $\overrightarrow{AM} . \vec{u} = k$*
Soient A un point de l'espace, $\vec{u}$ un vecteur non nul et k un réel.
Démontrer que l'ensemble $\mathcal{E}$ des points M de l'espace vérifiant
$\overrightarrow{AM} . \vec{u} = k$ est un plan orthogonal à $\vec{u}$.

(13) *Ensemble des points M tels que $\overrightarrow{MA} . \overrightarrow{MB} = k$*
Soient A et B deux points distincts et I le milieu de (A, B).
1° Démontrer que pour tout point M de l'espace, on a
$$\overrightarrow{MA} . \overrightarrow{MB} = MI^2 - \frac{1}{4} AB^2.$$
2° *a*) Quel est l'ensemble $\mathcal{E}$ des points M de l'espace tels que
$\overrightarrow{MA} . \overrightarrow{MB} = 0$?
b) *Application :* dans un repère orthonormé $(O; \vec{i}, \vec{j}, \vec{k})$, soient

$A(1, -3, 2)$ et $B\left(1, -\dfrac{1}{3}, 4\right)$. Donner une équation de la sphère $\mathcal{S}$ de diamètre $[AB]$.

3° Discuter suivant les valeurs du réel k la nature de l'ensemble $\mathcal{F}$ des points M tels que $\overrightarrow{MA} . \overrightarrow{MB} = k$.

Exercices 14 et 15. Sphères

Dans les exercices 14 à 15, l'espace est rapporté à un repère orthonormé.

(14) 1° Écrire une équation de la sphère $\mathcal{S}$ passant par $A(3, 4, 0)$ et de centre $\Omega(2, -1, 1)$.

2° Discuter suivant les valeurs du réel m la nature de l'ensemble $\mathcal{E}_m = \left\{ M(x, y, z) \,\middle|\, x^2 + y^2 + z^2 - 2x + y + 4z + 3 = m \right\}$.

(15) On considère les points $A(1, -3, 2)$ et $B(-1, 2, -5)$. Démontrer analytiquement que l'ensemble $\mathcal{E}$ des points $M(x, y, z)$ de l'espace vérifiant $MA^2 + 2MB^2 = 64$ est une sphère.

Exercices 16 à 18. Calculs de distances et d'angles

(16) On pose trois billes de rayon 1 cm sur un sol horizontal, chacune étant tangente aux deux autres. Leurs centres A, B et C forment donc un triangle équilatéral.
On pose sur ces trois billes une quatrième bille de même rayon. Calculer la hauteur de son centre D au-dessus du sol.

(17) La figure 14 représente un parallélépipède rectangle $ABCDEFGH$, avec $AE = 4$, $EF = 3$ et $FG = 2$.

1° Calculer AF.

2° Calculer AG.

3° En déduire $\cos \widehat{FAG}$ et le produit scalaire $\overrightarrow{AF} . \overrightarrow{AG}$.

4° En considérant un repère orthonormé bien choisi, retrouver la valeur de $\overrightarrow{AF} . \overrightarrow{AG}$ obtenue au 3°.

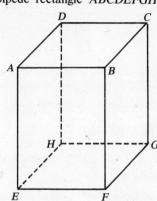

Fig. 14

18 *Latitude*

On suppose que la terre est une sphère de rayon $R = 6\,400$ km.

La figure 15 représente l'intersection de cette sphère avec un plan méridien (c'est-à-dire un plan passant par les pôles N et S).

La latitude d'un point M de la terre est la mesure en degrés de l'angle $\widehat{AOM}$.

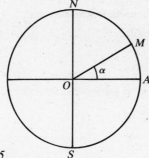

Fig. 15

1° Calculer la longueur du parallèle correspondant à une latitude de 50°.

2° Calculer la latitude d'un parallèle de longueur 10 000 km.

Corrigés

(1)

1° Les coordonnées de $2\vec{u}$ sont $(2, 4, -6)$.
Les coordonnées de $-\vec{v}$ sont $(-2, 1, -1)$.
Donc $\vec{w}_1 = 2\vec{u} - \vec{v}$ a pour coordonnées
$(2-2, 4+1, -6-1) = (0, 5, -7)$.

De même, on a $\frac{1}{3}\vec{u}$ $\left(\frac{1}{3}, \frac{2}{3}, -1\right)$ et $\frac{1}{2}\vec{v}$ $\left(1, -\frac{1}{2}, \frac{1}{2}\right)$.

Donc $\vec{w}_2 = \frac{1}{3}\vec{u} + \frac{1}{2}\vec{v}$ a pour coordonnées

$\left(\frac{1}{3}+1, \frac{2}{3}-\frac{1}{2}, -1+\frac{1}{2}\right) = \left(\frac{4}{3}, \frac{1}{6}, -\frac{1}{2}\right)$.

2° *a*) En raisonnant comme ci-dessus, on trouve que les coordonnées de $x\vec{u} + y\vec{v}$ sont $(x+2y, 2x-y, -3x+y)$.

On doit résoudre le système $\begin{cases} x+2y=9 & (1) \\ 2x-y=-2 & (2) \\ -3x+y=1. & (3) \end{cases}$

Pour résoudre un système de trois équations à deux inconnues, on résout d'abord le système formé par deux de ces équations. Il faut ensuite vérifier que les solutions obtenues satisfont à la troisième équation.

Résolvons le système (2) et (3).
L'addition membre à membre de ces équations donne $-x=-1$, donc $x=1$. En remplaçant x par sa valeur dans (2) ou (3), on obtient $y=4$.

Les valeurs $x=1$ et $y=4$ vérifient l'équation (1), car $1+2.4=9$.

Conclusion : $\vec{t}_1 = \vec{u} + 4\vec{v}$.

b) On raisonne comme au *a*). On obtient le système
$\begin{cases} x+2y=1 & (4) \\ 2x-y=3 & (5) \\ -3x+y=-1. & (6) \end{cases}$
Le système (5) et (6) a pour solution $x=-2$ et $y=-7$.
Ces valeurs ne vérifient pas l'équation (4) car $-2+2(-7) \neq 1$.
Conclusion : le vecteur $\vec{t}_2$ n'est pas combinaison linéaire de $\vec{u}$ et $\vec{v}$.

②

Un rectangle est un parallélogramme ayant un angle droit. Pour démontrer que $ABCD$ est un rectangle, on peut donc prouver (par exemple) que $\overrightarrow{AB} = \overrightarrow{DC}$ et $\overrightarrow{AB} \perp \overrightarrow{AD}$ (fig. 16).

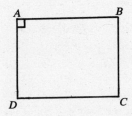

Fig. 16

On a $\overrightarrow{AB}$ (2, 1, −3) et $\overrightarrow{DC}$ (2, 1, −3), donc $\overrightarrow{AB} = \overrightarrow{DC}$.
Le quadrilatère $ABCD$ est un parallélogramme.

On a aussi $\overrightarrow{AD}$ (1, 1, 1). Donc $\overrightarrow{AB} \perp \overrightarrow{AD}$, car

$2 \times 1 + 1 \times 1 + (−3) \times 1 = 0$.

Le quadrilatère $ABCD$ est bien un rectangle.

③

Les points A, B et C sont alignés si et seulement si les vecteurs $\overrightarrow{AB}$ et $\overrightarrow{AC}$ (par exemple) sont colinéaires.

On a $\overrightarrow{AB}$ (2 − 1, 0 − 2, 1 − 3), soit $\overrightarrow{AB}$ (1, −2, −2).

On a de même $\overrightarrow{AC}$ $\left(\dfrac{1}{2}, −1, −1\right)$.

Soit $\vec{u}$ (x, y, z) un vecteur. Les vecteurs colinéaires à $\vec{u}$ ont leurs coordonnées de la forme (kx, ky, kz) avec $k \in \mathbb{R}$.

En observant les coordonnées de $\overrightarrow{AB}$ et $\overrightarrow{AC}$, on remarque que

$1 = \dfrac{1}{2} \times 2$, $-2 = -1 \times 2$ et $-2 = -1 \times 2$.

Donc $\overrightarrow{AB} = 2\overrightarrow{AC}$.
Les vecteurs $\overrightarrow{AB}$ et $\overrightarrow{AC}$ sont colinéaires. Les points A, B et C sont alignés.

④

Un point M appartient à la droite $\mathscr{D}$ passant par A et de vecteur directeur $\vec{u}$ si et seulement si les vecteurs $\overrightarrow{AM}$ et $\vec{u}$ sont colinéaires (fig. 17).

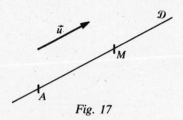

Fig. 17

1° On a $\overrightarrow{AB}\,(2, -4, -2)$ et $\vec{u}\,(1, -2, -1)$.

On remarque que $\overrightarrow{AB} = 2\vec{u}$. Les vecteurs $\overrightarrow{AB}$ et $\vec{u}$ sont colinéaires donc $B \in \mathcal{D}$.

2° On a $\overrightarrow{AC}\,(4, 1, -4)$ et $\vec{u}\,(1, -2, -1)$.

Les vecteurs $\overrightarrow{AC}$ et $\vec{u}$ ne sont pas colinéaires.

En effet, sinon il existerait un réel k tel que $\overrightarrow{AC} = k\vec{u}$.

Cette condition équivaut à $\begin{cases} 4 = k & (1) \\ 1 = -2k & (2) \\ -4 = -k & (3) \end{cases}$

Or ce système n'a pas de solution ((1) et (3) donnent $k = 4$, mais (2) donne $k = -\dfrac{1}{2}$).

Comme $\overrightarrow{AC}$ et $\vec{u}$ ne sont pas colinéaires, le point C n'appartient pas à $\mathcal{D}$.

3° Posons $M(x, y, 0)$.

$M \in \mathcal{D} \iff \overrightarrow{AM}$ et $\vec{u}$ sont colinéaires.

On a $\overrightarrow{AM}\,(x-1, y-2, -3)$ et $\vec{u}\,(1, -2, -1)$.

Première méthode

Les vecteurs $\vec{w}\,(a, b, c)$ et $\vec{w}\,'(a', b', c')$ sont colinéaires si et seulement si

$$\begin{vmatrix} a & b \\ a' & b' \end{vmatrix} = \begin{vmatrix} b & c \\ b' & c' \end{vmatrix} = \begin{vmatrix} c & a \\ c' & a' \end{vmatrix} = 0.$$

$\overrightarrow{AM}$ et $\vec{u}$ sont colinéaires si et seulement si on a simultanément

$$\begin{vmatrix} x-1 & y-2 \\ 1 & -2 \end{vmatrix} = 0 \quad (4), \qquad \begin{vmatrix} y-2 & -3 \\ -2 & -1 \end{vmatrix} = 0 \quad (5), \qquad \begin{vmatrix} -3 & x-1 \\ -1 & 1 \end{vmatrix} = 0 \quad (6).$$

La condition (5) donne $-y + 2 - 6 = 0$, donc $y = -4$.

La condition (6) donne $-3 + x - 1 = 0$, donc $x = 4$.

La condition (4) est alors vérifiée car

$$\begin{vmatrix} 4-1 & -4-2 \\ 1 & -2 \end{vmatrix} = \begin{vmatrix} 3 & -6 \\ 1 & -2 \end{vmatrix} = -6 + 6 = 0.$$

Conclusion

Le point M a pour coordonnées $(4, -4, 0)$.

Deuxième méthode

Les vecteurs $\vec{w}(a, b, c)$ et $\vec{w}'(a', b', c')$, $\left(\text{avec } \vec{w}' \neq \vec{0}\right)$, sont colinéaires si et seulement si il existe un réel k tel que $\vec{w} = k\vec{w}'$. Cela équivaut à

$a = ka'$, $b = kb'$ et $c = kc'$.

$\overrightarrow{AM}(x - 1, y - 2, -3)$ et $\vec{u}(1, -2, -1)$ sont colinéaires si et seulement si il existe un réel k tel que

$$\begin{cases} x - 1 = k \\ y - 2 = -2k. \\ -3 = -k \end{cases} \text{ Cela équivaut à } \begin{cases} k = 3 \\ x = k + 1 = 4 \\ y = -2k + 2 = -4. \end{cases}$$

On retrouve le point $M(4, -4, 0)$.

1° On voit directement que les vecteurs $\vec{u}$ et $\vec{v}$ ne sont pas nuls et qu'il n'existe pas de réel k tel que $\vec{u} = k\vec{v}$. En effet, cela équivaudrait

à $\begin{cases} 1 = 3k \\ 3 = k \\ 1 = -k. \end{cases}$

Il n'existe pas de réel k vérifiant simultanément ces trois conditions.

2° *a*)

Les vecteurs $\vec{u}$ et $\vec{v}$ forment une base de $\mathscr{S}$. L'ensemble des vecteurs directeurs de $\mathscr{S}$ est l'ensemble des vecteurs de la forme $a\vec{u} + b\vec{v}$, où a et b sont des réels non tous les deux nuls.

$\vec{w}$ est un vecteur directeur de $\mathscr{S}$ si et seulement si il existe des réels a et b non tous les deux nuls tels que $\vec{w} = a\vec{u} + b\vec{v}$ (1).

On a $\vec{w}(-1, 5, 3)$, $\vec{u}(1, 3, 1)$ et $\vec{v}(3, 1, -1)$.

On a donc $a\vec{u}(a, 3a, a)$ et $b\vec{v}(3b, b, -b)$.

La condition (1) équivaut par conséquent à

$$\begin{cases} -1 = a + 3b & (2) \\ 5 = 3a + b & (3) \\ 3 = a - b & (4) \end{cases}$$

Pour résoudre un système de 3 équations à 2 inconnues, on peut résoudre le système formé par deux des équations et voir si les solutions obtenues vérifient la troisième équation.

Résolvons par exemple le système formé par les équations (3) et (4). L'addition membre à membre donne $8 = 4a$, donc $a = 2$.

On en déduit que $b = 5 - 3a = -1$.

Ces valeurs vérifient l'équation (1) car $a + 3b = 2 - 3 = -1$.

Conclusion

$\vec{w} = 2\vec{u} - \vec{v}$ est un vecteur directeur de $\mathscr{S}$.

b)

Un point B appartient au plan $\mathcal{P}$ passant par A et de vecteurs directeurs $\vec{u}$ et $\vec{v}$ si et seulement si $\overrightarrow{AB}$ est un vecteur de $\mathcal{P}$, donc si et seulement s'il existe des réels a et b tels que $\overrightarrow{AB} = a\vec{u} + b\vec{v}$.

(On dit que $\overrightarrow{AB}$ est une combinaison linéaire de $\vec{u}$ et $\vec{v}$. Voir l'exercice 1, p. 151.)

On a $\overrightarrow{AB}(-1, 5, 3)$, donc $\overrightarrow{AB} = \vec{w}$.

D'après le 2° *b*), $\overrightarrow{AB} = \vec{w} = 2\vec{u} - \vec{v}$ est un vecteur de $\mathcal{P}$, donc $B \in \mathcal{P}$.

c) Cherchons de même s'il existe des réels a et b tels que $\overrightarrow{AC} = a\vec{u} + b\vec{v}$ (5).

On a $\overrightarrow{AC}(0, 2, -3)$, $\vec{u}(1, 3, 1)$ et $\vec{v}(3, 1, -1)$.

La condition (5) équivaut à

$$\begin{cases} 0 = a + 3b & (6) \\ 2 = 3a + b & (7) \\ -3 = a - b & (8) \end{cases}$$

En procédant comme au 2° *a*), on trouve que le système formé par les équations (7) et (8) a pour solution $a = -\dfrac{1}{4}$ et $b = \dfrac{11}{4}$.

Mais ces valeurs ne vérifient pas (6) car

$$a + 3b = -\frac{1}{4} + \frac{33}{4} = \frac{32}{4} = 8 \neq 0.$$

Le système (6), (7), (8) n'a pas de solution.

Le vecteur $\overrightarrow{AC}$ n'est pas un vecteur de $\mathcal{P}$, donc $C \notin \mathcal{P}$.

⑥

Le plan $\mathcal{P}$ est l'ensemble des points M tels que $\overrightarrow{AM}$ et $\vec{u}$ soient orthogonaux (fig. 18).

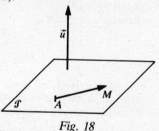

Fig. 18

On a $\overrightarrow{AM}(x - 2, y + 1, z - 4)$ et $\vec{u}(1, 3, -2)$.

La condition $\overrightarrow{AM} \perp \vec{u}$ équivaut à $x - 2 + 3(y + 1) - 2(z - 4) = 0$.

On obtient

$x - 2 + 3y + 3 - 2z + 8 = 0$,

$x + 3y - 2z + 9 = 0$.

Donc $M(x, y, z) \in \mathscr{S} \iff x + 3y - 2z + 9 = 0$.

Remarque

On dit que $x + 3y - 2z + 9 = 0$ est une équation de $\mathscr{S}$ dans le repère $(O, \vec{i}, \vec{j}, \vec{k})$.

:::: Remarquer l'analogie avec la définition du centre de gravité
:::: d'un triangle.

1° Soit O un point de l'espace.

La condition

$$\overrightarrow{GA} + \overrightarrow{GB} + \overrightarrow{GC} + \overrightarrow{GD} = \vec{0}$$

équivaut à

$$(\overrightarrow{GO} + \overrightarrow{OA}) + (\overrightarrow{GO} + \overrightarrow{OB}) + (\overrightarrow{GO} + \overrightarrow{OC}) + (\overrightarrow{GO} + \overrightarrow{OD}) = \vec{0},$$

$$4\overrightarrow{GO} + \overrightarrow{OA} + \overrightarrow{OB} + \overrightarrow{OC} + \overrightarrow{OD} = \vec{0},$$

$$\overrightarrow{OA} + \overrightarrow{OB} + \overrightarrow{OC} + \overrightarrow{OD} = 4\overrightarrow{OG},$$

$$\overrightarrow{OG} = \frac{1}{4}(\overrightarrow{OA} + \overrightarrow{OB} + \overrightarrow{OC} + \overrightarrow{OD}).$$

Il existe un seul point G vérifiant cette relation car il existe un seul représentant du vecteur

$$\frac{1}{4}(\overrightarrow{OA} + \overrightarrow{OB} + \overrightarrow{OC} + \overrightarrow{OD})$$

ayant pour origine O.

2° On a $\overrightarrow{GA} + \overrightarrow{GB} = (\overrightarrow{GE} + \overrightarrow{EA}) + (\overrightarrow{GE} + \overrightarrow{EB})$,

$$\overrightarrow{GA} + \overrightarrow{GB} = 2\overrightarrow{GE} + \overrightarrow{EA} + \overrightarrow{EB},$$

$$\overrightarrow{GA} + \overrightarrow{GB} = 2\overrightarrow{GE} \quad \text{car } E \text{ est le milieu de } (A, B).$$

De même

$$\overrightarrow{GC} + \overrightarrow{GD} = 2\overrightarrow{GF}.$$

La condition

$$\overrightarrow{GA} + \overrightarrow{GB} + \overrightarrow{GC} + \overrightarrow{GD} = \vec{0}$$

donne alors

$$2\overrightarrow{GE} + 2\overrightarrow{GF} = \vec{0}, \quad \overrightarrow{GE} + \overrightarrow{GF} = \vec{0},$$

donc G est le milieu de (E, F).

De même, en associant différemment les vecteurs, on peut écrire

$$(\overrightarrow{GA} + \overrightarrow{GC}) + (\overrightarrow{GB} + \overrightarrow{GD}) = \vec{0},$$

$$2\overrightarrow{GH} + 2\overrightarrow{GI} = \vec{0}, \quad \overrightarrow{GH} + \overrightarrow{GI} = \vec{0}.$$

Donc G est le milieu de (H, I).

Enfin
$$(\overrightarrow{GA} + \overrightarrow{GD}) + (\overrightarrow{GB} + \overrightarrow{GC}) = \vec{0}$$
donne
$$2\overrightarrow{GJ} + 2\overrightarrow{GK} = \vec{0}, \quad \overrightarrow{GJ} + \overrightarrow{GK} = \vec{0}.$$
Le point G est le milieu de (J, K).

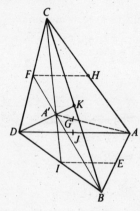

Fig. 19

Remarque
Les quadrilatères $EIFH$, $EKFJ$ et $IKHJ$ sont des parallélogrammes (fig. 19).

$3°$ a) On a
$$\overrightarrow{MA} + \overrightarrow{MB} + \overrightarrow{MC} + \overrightarrow{MD} = (\overrightarrow{MG} + \overrightarrow{GA}) + (\overrightarrow{MG} + \overrightarrow{GB})$$
$$+ (\overrightarrow{MG} + \overrightarrow{GC}) + (\overrightarrow{MG} + \overrightarrow{GD}),$$
$$\overrightarrow{MA} + \overrightarrow{MB} + \overrightarrow{MC} + \overrightarrow{MD} = 4\overrightarrow{MG} + \overrightarrow{GA} + \overrightarrow{GB} + \overrightarrow{GC} + \overrightarrow{GD}.$$
$$\overrightarrow{MA} + \overrightarrow{MB} + \overrightarrow{MC} + \overrightarrow{MD} = 4\overrightarrow{MG}.$$

b) Le point A' vérifie par définition
$$\overrightarrow{A'B} + \overrightarrow{A'C} + \overrightarrow{A'D} = \vec{0}$$
(car c'est le barycentre de $B(1)$, $C(1)$, $D(1)$).
D'après le $3°$ a), il vérifie aussi
$$\overrightarrow{A'A} + \overrightarrow{A'B} + \overrightarrow{A'C} + \overrightarrow{A'D} = 4\overrightarrow{A'G}.$$

On en déduit que $\overrightarrow{A'A} = 4\overrightarrow{A'G}$.
Les points A', A, G sont alignés et G est au quart de la longueur AA' en partant de A' (fig. 19).

$4°$ Soient respectivement B', C', D' les centres de gravité des triangles ACD, BDA, ABC.
On démontre comme au $4°$ que les points B', B, G d'une part, C', C, G d'autre part et enfin D', D, G sont alignés.
Les sept droites remarquables concourantes en G sont (EF), (HI), (JK), (AA'), (BB'), (CC'), et (DD').

⑧

1° Dans la base $(\vec{i}, \vec{j}, \vec{k})$, les coordonnées de $\vec{u}$ sont $(2, -1, 1)$; celles de $\vec{v}$ sont $(1, 1, -3)$.

Donc $\quad \vec{u} . \vec{v} = 2.1 + (-1).1 + 1.(-3) = 2 - 1 - 3 = -2.$

$\|\vec{u}\| = \sqrt{2^2 + (-1)^2 + 1^2} = \sqrt{6}.$

$\|\vec{v}\| = \sqrt{1^2 + 1^2 + (-3)^2} = \sqrt{11}.$

On a $\quad \vec{u} . \vec{v} = \|\vec{u}\| . \|\vec{v}\| . \cos(\widehat{\vec{u}, \vec{v}})$,   donc

$$\cos(\widehat{\vec{u}, \vec{v}}) = \frac{\vec{u} . \vec{v}}{\|\vec{u}\| . \|\vec{v}\|}.$$

On en déduit que $\quad \cos(\widehat{\vec{u}, \vec{v}}) = \dfrac{-2}{\sqrt{6} . \sqrt{11}} = \dfrac{-2}{\sqrt{66}}.$

2° On procède de même. On trouve

$\vec{u} . \vec{v} = 2 + 1 - 3 = 0, \quad \|\vec{u}\| = \sqrt{1 + 1 + 1} = \sqrt{3}$

et $\quad \|\vec{v}\| = \sqrt{4 + 1 + 9} = \sqrt{14}.$

Comme $\quad \vec{u} . \vec{v} = 0$,   les vecteurs $\vec{u}$ et $\vec{v}$ sont orthogonaux et $\cos(\widehat{\vec{u}, \vec{v}}) = 0.$

3° On a $\quad \vec{u} . \vec{v} = -\sqrt{2} - \dfrac{\sqrt{2}}{2} - 2\sqrt{2} = \sqrt{2}\left(-1 - \dfrac{1}{2} - 2\right) = -\dfrac{7}{2}\sqrt{2};$

$\|\vec{u}\| = \sqrt{2 + 1 + 4} = \sqrt{7};$

$\|\vec{v}\| = \sqrt{1 + \dfrac{1}{2} + 2} = \sqrt{\dfrac{7}{2}}.$

Donc $\quad \cos(\widehat{\vec{u}, \vec{v}}) = \dfrac{-\dfrac{7}{2}\sqrt{2}}{\sqrt{7} . \sqrt{\dfrac{7}{2}}} = \dfrac{-\dfrac{7\sqrt{2}}{2}}{\dfrac{7}{\sqrt{2}}} = -\dfrac{7\sqrt{2}}{2} \times \dfrac{\sqrt{2}}{7} = -1.$

Remarque : on en déduit que $\quad (\widehat{\vec{u}, \vec{v}}) = \pi$ rad.   Les vecteurs $\vec{u}$ et $\vec{v}$ sont colinéaires et de sens contraire (fig. 20). Ceci était prévisible si on observait directement que $\quad \vec{u} = -\sqrt{2}\,\vec{v}.$

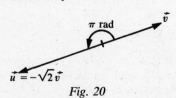

Fig. 20

(9)

Longueurs des côtés

On a $\overrightarrow{AB}(-1, 4, -3)$, donc $\|\overrightarrow{AB}\| = \sqrt{1+16+9} = \sqrt{26} \approx 5,1$.

On a $\overrightarrow{AC}(3, 4, -4)$, donc $\|\overrightarrow{AC}\| = \sqrt{9+16+16} = \sqrt{41} \approx 6,4$.

On a $\overrightarrow{BC}(4, 0, -1)$, donc $\|\overrightarrow{BC}\| = \sqrt{16+1} = \sqrt{17} \approx 4,1$.

Angles du triangle

Pour trouver $\widehat{A}$ par exemple, on peut utiliser la relation

$$\overrightarrow{AB}.\overrightarrow{AC} = AB.AC.\cos\widehat{A}, \quad \text{donc} \quad \cos\widehat{A} = \frac{\overrightarrow{AB}.\overrightarrow{AC}}{AB.AC}.$$

● En utilisant les coordonnées de $\overrightarrow{AB}$ et $\overrightarrow{AC}$ calculées ci-dessus, on obtient

$$\overrightarrow{AB}.\overrightarrow{AC} = -3+16+12 = 25, \quad \text{donc} \quad \cos\widehat{A} = \frac{25}{\sqrt{26}.\sqrt{41}} \approx 0,765\,7.$$

On en déduit que $\widehat{A} \approx 40,0°$.

● De même, $\cos\widehat{B} = \dfrac{\overrightarrow{BA}.\overrightarrow{BC}}{BA.BC}$.

Les coordonnées de $\overrightarrow{BA}$ sont $(1, -4, 3)$, donc

$$\overrightarrow{BA}.\overrightarrow{BC} = 4-3 = 1, \quad \cos\widehat{B} = \frac{1}{\sqrt{26}.\sqrt{17}} \approx 0,047\,6 \quad \text{et} \quad \widehat{B} \approx 87,3°.$$

● De même, $\cos\widehat{C} = \dfrac{\overrightarrow{CA}.\overrightarrow{CB}}{CA.CB}$.

Or $\overrightarrow{CA}.\overrightarrow{CB} = (-\overrightarrow{AC}).(-\overrightarrow{BC}) = \overrightarrow{AC}.\overrightarrow{BC} = 12+4 = 16$.

Donc $\cos\widehat{C} = \dfrac{16}{\sqrt{41}.\sqrt{17}} \approx 0,606\,0$ et $\widehat{C} \approx 52,7°$.

Remarque : on peut vérifier que $\widehat{A} + \widehat{B} + \widehat{C} \approx 180°$.

(10)

— Dans l'espace comme dans le plan, $\overrightarrow{MB}$ désigne un vecteur et MB désigne un réel positif (la distance de M à B).

On a cependant $\|\vec{u}\|^2 = \vec{u}^{\,2}$; on peut donc écrire

$$MB^2 = \|\overrightarrow{MB}\|^2 = \overrightarrow{MB}^{\,2}.$$

— Utiliser la relation de Chasles pour exprimer $\overrightarrow{MB}$ et $\overrightarrow{MA}$ en fonction de $\overrightarrow{MI}$ (qui figure dans le deuxième membre de l'égalité à démontrer).

On a $MB^2 - MA^2 = \overrightarrow{MB}^2 - \overrightarrow{MA}^2$

$MB^2 - MA^2 = (\overrightarrow{MI} + \overrightarrow{IB})^2 - (\overrightarrow{MI} + \overrightarrow{IA})^2$

$MB^2 - MA^2 = \overrightarrow{MI}^2 + 2\overrightarrow{MI}.\overrightarrow{IB} + \overrightarrow{IB}^2 - MI^2 - 2\overrightarrow{MI}.\overrightarrow{IA} - \overrightarrow{IA}^2$

$MB^2 - MA^2 = 2\overrightarrow{MI}(\overrightarrow{IB} - \overrightarrow{IA}) + IB^2 - IA^2$.

Or d'une part $\overrightarrow{IB} - \overrightarrow{IA} = \overrightarrow{IB} + \overrightarrow{AI} = \overrightarrow{AB}$.
D'autre part I est le milieu de (A, B), donc les distances IA et IB
sont égales et $IB^2 - IA^2 = 0$.
Par conséquent, $MB^2 - MA^2 = 2\overrightarrow{MI}.\overrightarrow{AB}$.

2° La condition $MA = MB$ équivaut successivement à

$MA^2 = MB^2$, $MB^2 - MA^2 = 0$,

$2\overrightarrow{MI}.\overrightarrow{AB} = 0$ (d'après le 1°), $\overrightarrow{MI}.\overrightarrow{AB} = 0$, $\overrightarrow{MI} \perp \overrightarrow{AB}$.

L'ensemble des points M tels que les vecteurs $\overrightarrow{MI}$ et $\overrightarrow{AB}$ soient
orthogonaux est le plan $\mathscr{P}$ passant par I et orthogonal au segment
$[AB]$ (fig. 21).

Remarque : on dit que $\mathscr{P}$ est le **plan médiateur** du segment $[AB]$.
Il est la réunion de toutes les médiatrices de $[AB]$.

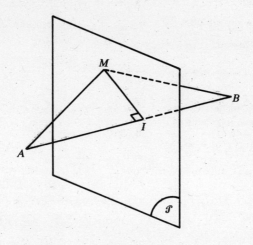

Fig. 21

3° **Première méthode**
On écrit $MA = MB \iff MA^2 = MB^2$.
On a $\overrightarrow{MA}(1-x, -y, 3-z)$ et $\overrightarrow{MB}(-1-x, 1-y, 5-z)$.
Donc $MA^2 = MB^2$ équivaut à
$(1-x)^2 + (-y)^2 + (3-z)^2 = (-1-x)^2 + (1-y)^2 + (5-z)^2$
$1 - 2x + x^2 + y^2 + 9 - 6z + z^2 = 1 + 2x + x^2 + 1 - 2y + y^2 + 25 - 10z + z^2$.

En transposant et en regroupant, on trouve la condition demandée :
$-4x + 2y + 4z - 17 = 0.$ (1)

Deuxième méthode

On utilise le résultat du 2° :

$MA = MB \iff \overrightarrow{MI} \perp \overrightarrow{AB}.$

Le milieu I de (A, B) a pour coordonnées

$$\left(\frac{1-1}{2}, \frac{0+1}{2}, \frac{3+5}{2}\right) = \left(0, \frac{1}{2}, 4\right);$$

donc $\overrightarrow{MI}$ a pour coordonnées $\left(-x, \frac{1}{2} - y, 4 - z\right)$. On a $\overrightarrow{AB}(-2, 1, 2)$.

Par conséquent $\overrightarrow{MI} \perp \overrightarrow{AB} \iff 2x + \frac{1}{2} - y + 2(4 - z) = 0,$

$$\iff 2x - y - 2z + \frac{17}{2} = 0. \quad (2)$$

$\Big($En multipliant chaque membre de la condition (2) par -2, on retrouve la condition (1).$\Big)$

Remarque : on dit que $2x - y - 2z + \frac{17}{2} = 0$ est une équation du plan médiateur de $[AB]$.

Décomposer les vecteurs à l'aide de la relation de Chasles en faisant intervenir partout un même point (par exemple A).

1° On a
$$\overrightarrow{AB} . \overrightarrow{CD} + \overrightarrow{AC} . \overrightarrow{DB} + \overrightarrow{AD} . \overrightarrow{BC} = \overrightarrow{AB}(\overrightarrow{CA} + \overrightarrow{AD})$$
$$+ \overrightarrow{AC}(\overrightarrow{DA} + \overrightarrow{AB}) + \overrightarrow{AD}(\overrightarrow{BA} + \overrightarrow{AC})$$
$$= \overrightarrow{AB} . \overrightarrow{CA} + \overrightarrow{AB} . \overrightarrow{AD} + \overrightarrow{AC} . \overrightarrow{DA} + \overrightarrow{AC} . \overrightarrow{AB} + \overrightarrow{AD} . \overrightarrow{BA} + \overrightarrow{AD} . \overrightarrow{AC}$$
$$= -\overrightarrow{AB} . \overrightarrow{AC} + \overrightarrow{AB} . \overrightarrow{AD} - \overrightarrow{AC} . \overrightarrow{AD} + \overrightarrow{AC} . \overrightarrow{AB} - \overrightarrow{AB} . \overrightarrow{AD} + \overrightarrow{AD} . \overrightarrow{AC}$$
$$= 0.$$

2° Supposons par exemple que $\overrightarrow{AB} \perp \overrightarrow{CD}$ et $\overrightarrow{AC} \perp \overrightarrow{DB}$, c'est-à-dire
$\overrightarrow{AB} . \overrightarrow{CD} = \overrightarrow{AC} . \overrightarrow{DB} = 0.$
D'après le 1°, on a $\overrightarrow{AD} . \overrightarrow{BC} = 0$, donc $\overrightarrow{AD} \perp \overrightarrow{BC}$.

3° Supposons par exemple que ABC est un triangle et que $\overrightarrow{AB} \perp \overrightarrow{CD}$ et $\overrightarrow{AC} \perp \overrightarrow{DB}$. Cela signifie que le point D appartient à la hauteur issue de C et à la hauteur issue de B (fig. 22).

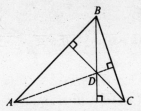

Fig. 22

D'après la relation du 1°, on doit avoir $\overrightarrow{AD} \cdot \overrightarrow{BC} = 0$, donc le point D appartient à la hauteur issue de A.

Ceci redémontre que, dans un triangle ABC, les trois hauteurs sont concourantes en un point D.

Remarque

Les triangles BCD, CDA, DAB ont respectivement pour orthocentres les points A, B et C.

Soit B le point défini par $\overrightarrow{AB} = \vec{u}$. Comme $\vec{u} \neq \vec{0}$, on a $A \neq B$. Soit M' la projection orthogonale de M sur la droite (AB) (fig. 23). Par définition du produit scalaire, on a

$$\overrightarrow{AM} \cdot \vec{u} = \overrightarrow{AM} \cdot \overrightarrow{AB} = \overline{AM'} \cdot \overline{AB}.$$

La condition $\overrightarrow{AM} \cdot \vec{u} = k$ équivaut donc à $\overline{AM'} \cdot \overline{AB} = k$, c'est-à-dire à

$$\overline{AM'} = \frac{k}{\overline{AB}} \quad (\text{car } A \neq B).$$

Or il existe un seul point M' de la droite (AB) tel que $\overline{AM'} = \frac{k}{\overline{AB}}.$

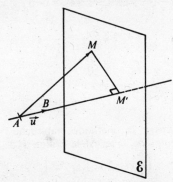

Fig. 23

Conclusion.

L'ensemble $\mathcal{E}$ est le plan orthogonal à la droite (AB) au point M' défini ci-dessus. Ce plan est bien orthogonal à $\vec{u}$.

⑬

1° Par hypothèses, $\overrightarrow{AI} = \overrightarrow{IB} = \dfrac{1}{2}\overrightarrow{AB}$.

On peut écrire

$$\overrightarrow{MA}.\overrightarrow{MB} = (\overrightarrow{MI} + \overrightarrow{IA}).(\overrightarrow{MI} + \overrightarrow{IB})$$
$$= (\overrightarrow{MI} - \overrightarrow{IB}).(\overrightarrow{MI} + \overrightarrow{IB})$$
$$= \overrightarrow{MI}^2 - \overrightarrow{IB}^2$$
$$= MI^2 - \dfrac{1}{4} AB^2.$$

2° *a*) D'après ce qui précède, la condition $\overrightarrow{MA}.\overrightarrow{MB} = 0$ équivaut à

$MI^2 = \dfrac{1}{4} AB^2$, donc à $MI = \dfrac{1}{2} AB$.

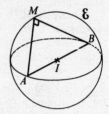

L'ensemble $\mathcal{E}$ est donc la sphère de centre I et de rayon $\dfrac{1}{2} AB$, c'est-à-dire la sphère de diamètre $[AB]$ (fig. 24).

Fig. 24

b) D'après le résultat du *a*), un point $M(x, y, z)$ appartient à S si et seulement si les vecteurs $\overrightarrow{MA}$ et $\overrightarrow{MB}$ sont orthogonaux.

On a $\overrightarrow{MA}(1-x, -3-y, 2-z)$ et $\overrightarrow{MB}\left(1-x, -\dfrac{1}{3}-y, 4-z\right)$.

Donc $\overrightarrow{MA}.\overrightarrow{MB} = 0$ équivaut à

$$(1-x)^2 + (-3-y)\left(-\dfrac{1}{3} - y\right) + (2-z)(4-z) = 0,$$

$$1 - 2x + x^2 + 1 + \dfrac{1}{3} y + 3y + y^2 + 8 - 4z - 2z + z^2 = 0,$$

$$x^2 + y^2 + z^2 - 2x + \dfrac{10}{3} y - 6z + 10 = 0.$$

C'est une équation de S.

Remarque

On peut aussi utiliser la méthode habituelle : on cherche les coordonnées du centre de S (c'est le milieu I de (A, B)), puis on calcule le rayon de S $\left(\text{il est égal à } \dfrac{1}{2} AB\right)$.

3° D'après le 1°, la condition $\overrightarrow{MA}.\overrightarrow{MB} = k$ équivaut à

$$MI^2 - \dfrac{1}{4} AB^2 = k, \quad \text{donc à} \quad MI^2 = \dfrac{1}{4} AB^2 + k \quad (1).$$

• Si $\dfrac{1}{4} AB^2 + k > 0$, c'est-à-dire si $k > -\dfrac{1}{4} AB^2$, la condition (1) équivaut à

$$MI = \sqrt{\dfrac{1}{4} AB^2 + k}.$$

Par conséquent $\mathcal{F}$ est la sphère de centre I et de rayon $\sqrt{\dfrac{1}{4} AB^2 + k}$.

• Si $\dfrac{1}{4} AB^2 + k = 0$, c'est-à-dire si $k = -\dfrac{1}{4} AB^2$, la condition (1) équivaut à $MI = 0$. L'ensemble $\mathcal{F}$ est réduit au point I.

• Si $\dfrac{1}{4} AB^2 + k < 0$, c'est-à-dire si $k < -\dfrac{1}{4} AB^2$, l'ensemble $\mathcal{F}$ est vide.

Remarque
Les résultats de cet exercice sont analogues à ceux obtenus dans le plan (exercice 9, page 16).

1° Le rayon de la sphère $\mathcal{S}$ est égal à
$$\Omega A = \sqrt{(3-2)^2 + (4+1)^2 + (-1)^2} = \sqrt{1 + 25 + 1} = \sqrt{27}.$$
On a $M(x, y, z) \in \mathcal{S} \iff \Omega M = \sqrt{27}$.
Ceci équivaut à $\Omega M^2 = 27$.
D'où une équation de $\mathcal{S}$:
$$(x - 2)^2 + (y + 1)^2 + (z - 1)^2 = 27,$$
$$x^2 - 4x + 4 + y^2 + 2y + 1 + z^2 - 2z + 1 = 27,$$
$$x^2 + y^2 + z^2 - 4x + 2y - 2z - 21 = 0.$$

2°

Il faut mettre les polynômes du second degré en x, y, z intervenant dans l'équation de $\mathcal{E}_m$ sous forme canonique (voir tome Analyse, p. 11).

On a $x^2 - 2x = (x - 1)^2 - 1$.

$$y^2 + y = \left(y + \dfrac{1}{2}\right)^2 - \dfrac{1}{4}.$$

$$z^2 + 4z = (z + 2)^2 - 4.$$

Par conséquent la condition
$$x^2 + y^2 + z^2 - 2x + y + 4z + 3 = m \qquad (1)$$
équivaut à

$$(x - 1)^2 - 1 + \left(y + \dfrac{1}{2}\right)^2 - \dfrac{1}{4} + (z + 2)^2 - 4 + 3 = m,$$

$$(x-1)^2 + \left(y+\frac{1}{2}\right)^2 + (z+2)^2 = m + \frac{9}{4} \quad (2).$$

Soit $M(x, y, z)$ et $\Omega\left(1, -\frac{1}{2}, -2\right)$. Le premier membre de la relation (2) représente ΩM^2.

Donc (1) $\iff$ $\Omega M^2 = m + \frac{9}{4}$.

On en déduit que :

• Si $m + \frac{9}{4} > 0$, c'est-à-dire si $m > -\frac{9}{4}$,

alors (1) $\iff$ $\Omega M = \sqrt{m + \frac{9}{4}}$.

L'ensemble $\mathcal{E}_m$ est la sphère de centre Ω et de rayon $\sqrt{m + \frac{9}{4}}$.

• Si $m + \frac{9}{4} = 0$, c'est-à-dire si $m = -\frac{9}{4}$,

alors (1) $\iff$ $\Omega M = 0$.
L'ensemble $\mathcal{E}_{-\frac{9}{4}}$ est réduit au point Ω.

• Si $m + \frac{9}{4} < 0$, c'est-à-dire si $m < -\frac{9}{4}$, alors l'ensemble $\mathcal{E}_m$ est l'ensemble vide.

⑮

On a $MA^2 = (x-1)^2 + (y+3)^2 + (z-2)^2$,
$$= x^2 - 2x + 1 + y^2 + 6y + 9 + z^2 - 4z + 4,$$
$$= x^2 + y^2 + z^2 - 2x + 6y - 4z + 14.$$

De même $MB^2 = (x+1)^2 + (y-2)^2 + (z+5)^2$,
$$= x^2 + y^2 + z^2 + 2x - 4y + 10z + 30.$$

La condition $MA^2 + 2MB^2 = 64$ équivaut donc successivement à
$$x^2 + y^2 + z^2 - 2x + 6y - 4z + 14 + 2(x^2 + y^2 + z^2 + 2x - 4y + 10z + 30)$$
$$= 64,$$
$$3x^2 + 3y^2 + 3z^2 + 2x - 2y + 16z + 74 - 64 = 0,$$
$$x^2 + y^2 + z^2 + \frac{2}{3}x - \frac{2}{3}y + \frac{16}{3}y + \frac{10}{3} = 0,$$
$$\left(x + \frac{1}{3}\right)^2 - \frac{1}{9} + \left(y - \frac{1}{3}\right)^2 - \frac{1}{9} + \left(z + \frac{8}{3}\right)^2 - \frac{64}{9} + \frac{10}{3} = 0,$$
$$\left(x + \frac{1}{3}\right)^2 + \left(y - \frac{1}{3}\right)^2 + \left(z + \frac{8}{3}\right)^2 - \frac{36}{9} = 0,$$

$$\left(x+\frac{1}{3}\right)^2+\left(y-\frac{1}{3}\right)^2+\left(z+\frac{8}{3}\right)^2=4=2^2.$$

L'ensemble $\mathcal{E}$ est donc une sphère de centre $\Omega\left(-\frac{1}{3},\frac{1}{3},-\frac{8}{3}\right)$ et de rayon 2.

Les billes sont tangentes deux à deux. Les distances AB, AC, AD, BC, BD et CD sont donc toutes égales à 2 cm. (On dit que le tétraèdre $ABCD$ est régulier.)
Soit I la projection orthogonale de D sur le plan (ABC) (fig. 25).

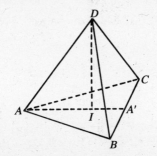

Fig. 25

Le plan (ABC) est horizontal. Il est situé à 1 cm au-dessus du sol. La hauteur du point D au-dessus du sol est donc : $DI+1$ cm.

I est le centre de gravité du triangle ABC
La droite (DI) est orthogonale au plan (ABC), donc $(DI)\perp(AI)$. Dans le triangle rectangle AID, on a

$$AI^2+DI^2=AD^2,$$
$$AI^2=AD^2-DI^2=4-DI^2.$$

On a de même : $\quad BI^2=BD^2-DI^2=4-DI^2,$
$$CI^2=CD^2-DI^2=4-DI^2.$$

Donc $AI=BI=CI$.
Le point I est le centre du cercle circonscrit au triangle ABC. Il est le point d'intersection des médiatrices. Comme le triangle ABC est équilatéral, les médiatrices sont aussi médianes et I est le centre de gravité du triangle ABC.

Calcul de AA' et AI
Soit A' le milieu de BC. Le triangle $AA'B$ est rectangle en A'. Donc
$$AA'^2+A'B^2=AB^2,$$
$$AA'^2=AB^2-A'B^2=2^2-1^2=3,$$
$$AA'=\sqrt{3}.$$

Le centre de gravité d'un triangle est situé aux deux-tiers de chaque médiane en partant du sommet.

On a $AI = \dfrac{2}{3} AA' = \dfrac{2}{3} \sqrt{3}$.

Calcul de *DI*
Le triangle AID est rectangle en I. Donc
$$AI^2 + ID^2 = AD^2,$$

$$ID^2 = AD^2 - AI^2 = 2^2 - \left(\frac{2}{3}\sqrt{3}\right)^2 = 4 - \frac{4}{9} \times 3 = 4 - \frac{4}{3} = \frac{8}{3},$$

$$ID = \sqrt{\frac{8}{3}}.$$

Conclusion
La hauteur du point D au-dessus du sol est
$$ID + 1 = \sqrt{\frac{8}{3}} + 1 \approx 2,63 \text{ cm}.$$

1° Le triangle AEF est rectangle en E.

Donc : $\quad AF^2 = AE^2 + EF^2 = 4^2 + 3^2 = 25 \quad$ et $\quad AF = \sqrt{25} = 5$.

2° **Première méthode**
La droite (FG) est orthogonale au plan $(ABFE)$, donc à la droite (AF) de ce plan.
Dans le triangle AFG, rectangle en F, on a
$$AG^2 = AF^2 + FG^2 = 25 + 4 = 29. \quad \text{Donc } AG = \sqrt{29}.$$

Deuxième méthode
On utilise le triangle AEG, rectangle en E.

On a : $\quad AG^2 = AE^2 + EG^2 \quad$ et $\quad EG^2 = EF^2 + FG^2,$

(car le triangle EFG est rectangle en F).

D'où : $\quad AG^2 = AE^2 + EF^2 + FG^2 = 16 + 9 + 4 = 29 \quad$ et $\quad AG = \sqrt{29}$.

3° Dans le triangle AFG, rectangle en F (d'après le 2°, première méthode), on a :

$$\cos \widehat{FAG} = \frac{AF}{AG} = \frac{5}{\sqrt{29}}.$$

— On a : $\quad \overrightarrow{AF} \cdot \overrightarrow{AG} = AF \cdot AG \cdot \cos \widehat{FAG} = 5 \cdot \sqrt{29} \cdot \dfrac{5}{\sqrt{29}} = 25$.

4° Prenons par exemple pour origine le point E et pour vecteurs unitaires des vecteurs parallèles aux arêtes du parallélépipède de la figure 14.

Ainsi le repère $\left(E, \dfrac{1}{3}\,\overrightarrow{EF}, \dfrac{1}{2}\,\overrightarrow{EH}, \dfrac{1}{4}\,\overrightarrow{AE}\right)$ est un repère orthonormé.

En effet les vecteurs $\overrightarrow{EF}$, $\overrightarrow{EH}$ et $\overrightarrow{AE}$ sont orthogonaux deux à deux. De plus

$$\left\|\dfrac{1}{3}\,\overrightarrow{EF}\right\| = \dfrac{1}{3}\,\|\overrightarrow{EF}\| = \dfrac{1}{3}.3 = 1 \text{ et, de même, } \left\|\dfrac{1}{2}\,\overrightarrow{EH}\right\| = 1 \text{ et } \left\|\dfrac{1}{4}\,\overrightarrow{AE}\right\| = 1$$

Dans ce repère, on a

$A(0; 0; 4)$, $F(3; 0; 0)$ et $G(3; 2; 0)$.

D'où : $\overrightarrow{AF}(3; 0; -4)$, $\overrightarrow{AG}(3; 2; -4)$ et

$\overrightarrow{AF}.\overrightarrow{AG} = 3 \times 3 + 0 \times 2 + (-4)(-4) = 9 + 16 = 25.$

On retrouve bien la valeur obtenue au 3°.

(18)

On considère la figure 26.

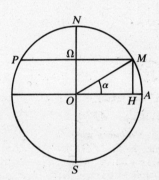

Fig. 26

Soit Ω la projection orthogonale de M sur la droite (NS).

La parallèle de latitude α est le cercle de centre Ω et de rayon ΩM.

On a : $\Omega M = OH = OM.\cos \alpha,$ car $\cos \alpha = \dfrac{OH}{OM}.$

La longueur du parallèle de latitude α est donc

$2\pi.OM.\cos \alpha = 2\pi \times 6\,400 \times \cos \alpha.$

1° D'après ce qui précède, la longueur du 50e parallèle est

$2\pi.6\,400.\cos 50° \approx 26\,000 \text{ km}.$

2° On doit avoir $2\pi \times 6\,400.\cos \alpha = 10\,000.$

D'où : $\cos \alpha = \dfrac{10\,000}{2\pi \times 6\,400} \approx 0{,}248\,7$ et $\alpha \approx 76°.$

Table des matières

Photocomposition : M.C.P. à Orléans
Impression : Impressions DUMAS – 42009 Saint-Étienne
Dépôt légal : février 1990
Dépôt légal de la 1re édition : 4e trimestre 1982
N° d'imprimeur : 29592

Imprimé en France